Günther Wagner

Aufsteigen ... in MATHEMATIK 7

So schaffst du die 7. Klasse AHS

G&D

Symbolerklärung

1 Übungsaufgabe

In einem solchen Kästchen findest du **Musterbeispiele** zum jeweiligen Thema.

Wichtiger Merksatz! Guter Tipp! Merke dir das gut!

Dem Buch ist ein Lösungsheft zur Selbstkontrolle beigelegt.

www.lernfit.at

ISBN 978-3-7074-1070-9

In der neuen Rechtschreibung 2006

1. Auflage 2008

Satz: dpps – digital prepress service, www.dpps.at
Printed in Europe

Vorwort

Liebe Schülerin! Lieber Schüler!

Du hältst ein Übungsbuch in der Hand, das dir helfen soll, auf einfache Art und Weise in Mathematik aufzusteigen.

Wahrscheinlich bist du in Mathematik nicht so gut und musst daher zusätzlich zu deinen Schulaufgaben noch etwas tun. Vielleicht hat dir deine Lehrerin/dein Lehrer empfohlen, zu Hause zu lernen. Vielleicht fürchtest du sogar, heuer durchzufallen.
Mit „Aufsteigen in Mathematik“ ist das Lernen ganz leicht!
Der wichtigste Stoff der 7. Klasse ist hier zusammengefasst.

Jedes Kapitel wird von einem Theorieteil mit übersichtlichen Erklärungen und einfachen Merksätzen eingeleitet. Die anschließenden Übungen in unterschiedlichen Schwierigkeitsgraden helfen dir, den Lernstoff zu wiederholen, zu festigen und deine Noten zu verbessern.

Das beigelegte Lösungsheft ermöglicht eine einfache Selbstkontrolle.

Ich wünsche dir viel Erfolg beim Aufsteigen in Mathematik

Günther Wagner

Inhalt

Komplexe Zahlen

Definition

Die quadratische Gleichung $x^2 + 1 = 0$ hat in der Menge $\mathbb{R}$ keine Lösung.

$$x^2 + 1 = 0 \quad | -1$$
$$x^2 = -1 \quad | \sqrt{\ }$$
$$x_{1,2} = \pm\sqrt{-1}$$

Um auch die Wurzel aus negativen Zahlen berechnen zu können, wurde die Menge der reellen Zahlen erweitert.
Man führt die neue „Zahl" i ein, für die $i^2 = -1$ gelten soll.
i wird als imaginäre Einheit bezeichnet und steht symbolisch für $\sqrt{-1}$

Definition: $i^2 = -1$

Beachte: Man kann für $\sqrt{-1}$ das Symbol i schreiben, eine Berechnung für i^2 in der Form $i^2 = \sqrt{-1} \cdot \sqrt{-1} = \sqrt{(-1) \cdot (-1)} = \sqrt{+1} = 1$ ist aber falsch, weil sie der Definition widerspricht.

Die Lösungen der Gleichung $x^2 + 1 = 0$ können also in der Form $x_1 = -i$ und $x_2 = i$ angegeben werden.

Für die Potenzen von i gilt:

$i^2 = -1$

$i^3 = i^2 \cdot i = -i$

$i^4 = i^2 \cdot i^2 = (-1) \cdot (-1) = +1$

$i^5 = i^4 \cdot i = (+1) \cdot i = i$

$i^6 = i^5 \cdot i = i \cdot i = i^2 = -1$

$i^7 = i^6 \cdot i = (-1) \cdot i = -i$ usw.

Zahlen der Form $b \cdot i$ mit $b \in \mathbb{R}$ heißen imaginäre Zahlen.

Löse die Gleichung $x^2 + 9 = 0$!

$$x^2 + 9 = 0 \quad | -9$$
$$x^2 = -9 \quad | \sqrt{\ }$$
$$x_{1,2} = \sqrt{-9}$$
$$x_1 = -3i, \; x_2 = 3i$$

Wurzelziehen: $\sqrt{-9} = \sqrt{9 \cdot (-1)} = \sqrt{9 \cdot i^2} = 3i$

Definition:
Die Summe aus einer reellen Zahl und einer imaginären Zahl wird als komplexe Zahl bezeichnet.

$z = a + b \cdot i \qquad a, b \in \mathbb{R}$

Realteil — Imaginärteil

Alle Zahlen der Form $z = a + b \cdot i$ mit $a, b \in \mathbb{R}$ bilden die Menge der komplexen Zahlen $\mathbb{C}$.

Beachte: Ist $b = 0$, so ergibt sich $z = a + 0 \cdot i = a$, also eine reelle Zahl. Die Menge $\mathbb{C}$ umfasst also auch die Menge der reellen Zahlen $\mathbb{R}$, d. h. $\mathbb{R} \subset \mathbb{C}$ ($\mathbb{R}$ ist Teilmenge von $\mathbb{C}$.)

Löse die Gleichung $x^2 - 4x + 29 = 0$ über der Grundmenge $\mathbb{C}$.

$x^2 - 4x + 29 = 0$ — Anwenden der „kleinen" Lösungsformel

$x_{1,2} = 2 \pm \sqrt{4 - 29} = 2 \pm \sqrt{-25}$ — $x_{1,2} = -\frac{p}{2} \pm \sqrt{\left(\frac{p}{2}\right)^2 - q}$

$x_{1,2} = 2 \pm 5i$ — $\sqrt{-25} = \sqrt{25 \cdot (-1)} = \sqrt{25i^2} = 5i$

$x_1 = 2 - 5i \quad x_2 = 2 + 5i$

Die beiden Lösungen unterscheiden sich nur durch ihr Vorzeichen beim Imaginärteil. Solche Zahlen werden als konjugiert-komplexe Zahlen bezeichnet.

Zwei komplexe Zahlen z und $\bar{z}$, die sich nur im Vorzeichen ihres Imaginärteils unterscheiden, heißen zueinander konjugiert.

$z = a + b \cdot i$ mit $a, b \in \mathbb{R}$

$\bar{z} = a - b \cdot i$

Darstellung von komplexen Zahlen

Gauß'sche Zahlenebene

Der komplexen Zahl $z = a + b \cdot i$ kann man ein eindeutiges Zahlenpaar (a; b) zuordnen.

$z = a + b \cdot i \quad \Leftrightarrow \quad z = (a; b)$

Normalform — Normalform als Zahlenpaar

Die graphische Darstellung dieses Zahlenpaars ist in der so genannten Gauß'schen Zahlenebene mit Hilfe eines rechtwinkligen Koordinatensystems möglich, wobei auf der 1. Achse (reelle Achse) die Zahl a und auf der 2. Achse (imaginäre Achse) die imaginäre Zahl $b \cdot i$ aufgetragen wird.

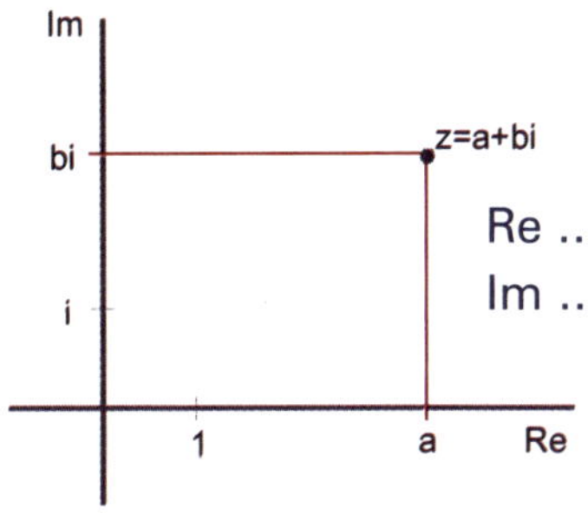

Re ... reelle Achse
Im ... imaginäre Achse

Stelle die Zahlen $z_1 = 3 + 2i$, $z_2 = -1 + i$, $z_3 = 2 - 3i$, $z_4 = -5 - i$ in der Gauß'schen Zahlenebene dar!

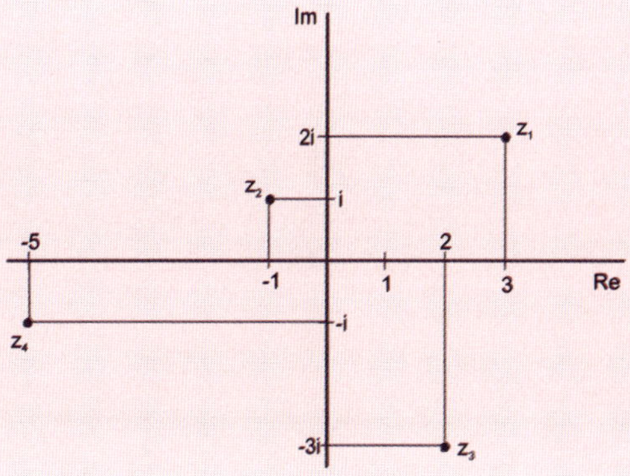

Polardarstellung komplexer Zahlen

Der komplexen Zahl $z = a + bi$ entspricht genau ein Punkt P der Gauß'schen Zahlenebene. Dieser Punkt lässt sich durch den Abstand $r = |\overrightarrow{OP}|$ (= Länge des Pfeils $\overrightarrow{OP}$) und den Winkel φ beschreiben. r und φ werden Polarkoordinaten der komplexen Zahl z bezeichnet.
Die Länge r des Pfeils $\overrightarrow{OP}$ heißt Betrag der komplexen Zahl z. Man schreibt $|z| = r$.
Der Winkel φ mit $0 \le \varphi \le 2\pi$ heißt Argument der komplexen Zahl z. Man schreibt $\arg z = \varphi$.

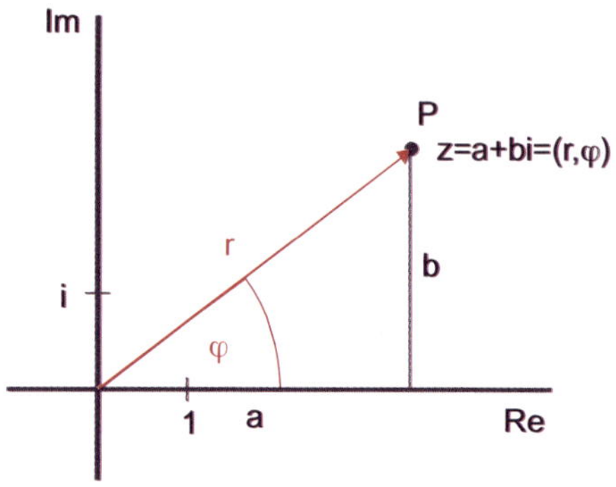

Zwischen a, b, r und φ besteht folgender Zusammenhang, den man direkt aus der Zeichnung entnehmen kann.

$r = |\overrightarrow{OP}| = \sqrt{a^2 + b^2}$ $\qquad \cos\varphi = \frac{a}{r} \rightarrow a = r \cdot \cos\varphi$

$\tan\varphi = \frac{b}{a}$ $\qquad \sin\varphi = \frac{b}{r} \rightarrow b = r \cdot \sin\varphi$

Die komplexe Zahl $z = a + bi$ lässt sich daher auch schreiben:

$z = a + bi$

$z = r \cdot \cos\varphi + r \cdot i \cdot \sin\varphi$

$z = r \cdot (\cos\varphi + i \cdot \sin\varphi)$ Polardarstellung der Zahl z

Beachte: Bei der Ermittlung von φ muss man auf den entsprechenden Quadranten achten.

Verwandle die gegebenen Zahlen z jeweils in die anderen Darstellungsarten. Bestimme zunächst in welchem Quadranten die Zahl liegt.

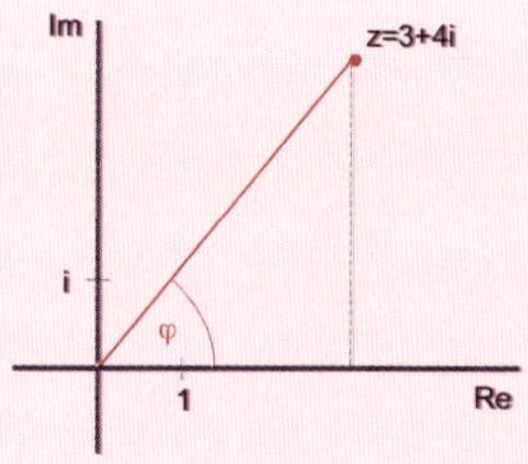

a) $z = 3 + 4i$

$a = 3$, $b = 4$ Die Zahl liegt im 1. Quadranten.

$r = \sqrt{3^2 + 4^2}$ Formel $r = \sqrt{a^2 + b^2}$

$r = \sqrt{9 + 16} = \sqrt{25} = 5$

$\tan\varphi = \frac{4}{3}$ Formel: $\tan\varphi = \frac{b}{a}$

$\varphi = 53{,}13°$ oder $\varphi = 233{,}13°$ Der Tagens ist im 1. und im 3. Quadranten positiv. (vergleiche Aufsteigen in Mathematik, 5. Klasse)

$z = 3 + 4i$ Normalform

$z = (5; 53{,}13°)$ Polarkoordinaten

$z = 5 \cdot (\cos 53{,}13° + i \cdot \sin 53{,}13°)$ Polarform

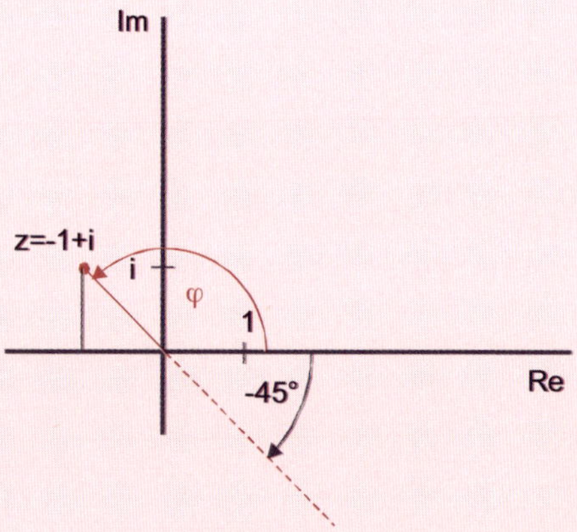

b) $z = -1 + i$

$a = -1$, $b = 1$ Die Zahl liegt im 2. Quadranten.

$r = \sqrt{(-1)^2 + 1^2} = \sqrt{2}$

$\tan\varphi = \frac{1}{-1} = -1$ ergibt einen Winkel von $-45°$.

Da z im 2.Quadranten liegt, muss für $\varphi = 180° - 45° = 135°$ gelten.

$z = (\sqrt{2}; 135°)$

$z = \sqrt{2} \cdot (\cos 135° + i \cdot \sin 135°)$

c) $z = (4; 30°)$

$r = 4, \varphi = 30°$ Die Zahl liegt im 1. Quadranten

$a = 4 \cdot \cos 30°$ Formel $a = r \cdot \cos\varphi$

$a = 4 \cdot \frac{1}{2} \cdot \sqrt{3} = 2 \cdot \sqrt{3}$ oder $a = 3{,}46$

$b = 4 \cdot \sin 30°$ Formel $b = r \cdot \sin\varphi$

$b = 4 \cdot \frac{1}{2} = 2$

$z = 2 \cdot \sqrt{3} + 2i$

$z = 4 \cdot (\cos 30° + i \cdot \sin 30°)$

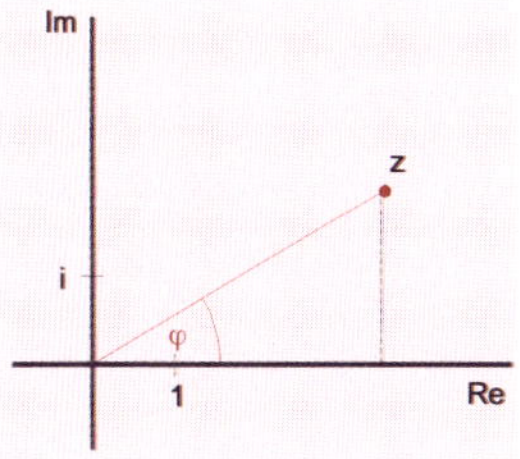

Beachte: Wenn man die Polarform ausrechnet, erhält man direkt die Normalform von z.

$z = 4 \cdot (\cos 30° + i \cdot \sin 30°)$

$z = 4 \cdot (\frac{1}{2} \cdot \sqrt{3} + i \cdot \frac{1}{2})$

$z = 2 \cdot \sqrt{3} + 2i$

d) $z = -12 - 5i$

$a = -12, b = -5$

Die Zahl liegt im 3. Quadranten.

$r = \sqrt{(-12)^2 + (-5)^2} = 13$

$\tan\varphi = \frac{-5}{-12} = \frac{5}{12}$ ergibt eine Winkel von 22,62°

Da z im 3.Quadranten liegt,

muss für $\varphi = 180° + 22{,}62° = 202{,}62°$ gelten.

$z = (13; 202{,}62°)$

$z = 13 \cdot (\cos 202{,}62° + i \cdot \sin 202{,}62°)$

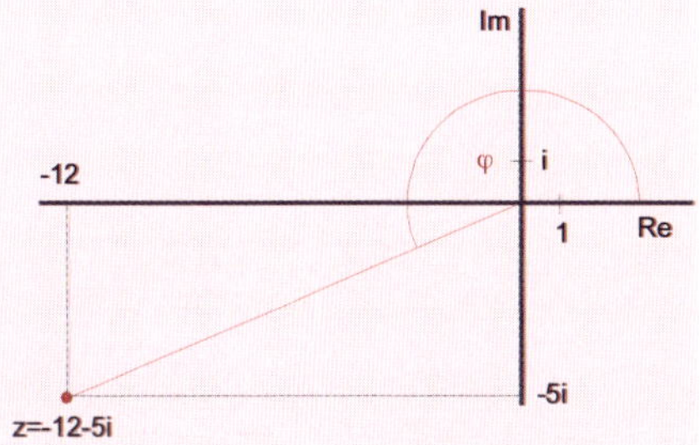

Rechnen mit komplexen Zahlen

Grundlage für das Rechnen mit komplexen Zahlen in der Normalform sind die Rechenregeln für das Rechnen mit Binomen.

Berechne $z_1 + z_2$, $z_1 - z_2$, $z_1 \cdot z_2$, $\frac{z_1}{z_2}$ und z_2^3 mit $z_1 = -3 + 4i$ und $z_2 = 2 + 3i$!

$z_1 + z_2 = -3 + 4i + 2 + 3i$ Zusammenfassen der Realteile bzw. der Imaginärteile

$z_1 + z_2 = -1 + 7i$

$z_1 - z_2 = -3 + 4i - (2 + 3i) =$

$= -3 + 4i - 2 - 3i =$

$= -5 + i$

$z_1 \cdot z_2 = (-3 + 4i) \cdot (2 + 3i) =$ Ausmultiplizieren der Klammern

$= -6 + 8i - 9i + 12i^2 =$ *Beachte:* $i^2 = -1$

$= -18 - i$

$\frac{z_1}{z_2} = \frac{-3 + 4i}{2 + 3i} =$

$= \frac{-3 + 4i}{2 + 3i} \cdot \frac{2 - 3i}{2 - 3i} =$

$= \frac{-6 + 8i + 9i - 12i^2}{4 - 9i^2} =$

$= \frac{-6 + 17i - 12 \cdot (-1)}{4 - 9 \cdot (-1)} = \frac{6 + 17i}{13}$

Um den Nenner rational zu machen, muss man mit der konjugiert-komplexen Zahl des Nenners erweitern. *Beachte die Formel:* $(a + b) \cdot (a - b) = a^2 - b^2$

$z_2^3 = (2 + 3i)^3 =$
$= 2^3 + 3 \cdot 2^2 \cdot 3i + 3 \cdot 2 \cdot (3i)^2 + (3i)^3 =$
$= 8 + 36i + 6 \cdot 9i^2 + 27i^3 =$
$= 8 + 36i + 54 \cdot (-1) + 27 \cdot (-i) =$
$= -46 + 9i$

Zur Berechnung verwende die Formel
$(a + b)^3 = a^3 + 3a^2b + 3ab^2 + b^3$

Während das Addieren und Subtrahieren von komplexen Zahlen in der Normalform einfach durchzuführen ist, ist für Rechenoperationen 2. Stufe (Multiplizieren und Dividieren) bzw. für Rechenoperationen 3. Stufe (Potenzieren und Wurzelziehen) die Polardarstellung wesentlich günstiger. Verwende die folgenden Formeln:

Multiplizieren und Dividieren von komplexen Zahlen in Polardarstellung
Gilt $z_1 = r_1 \cdot (\cos \varphi_1 + i \cdot \sin \varphi_1)$ und $z_2 = r_2 \cdot (\cos \varphi_2 + i \cdot \sin \varphi_2)$ dann ist

$$z_1 \cdot z_2 = r_1 \cdot r_2 \cdot [\cos(\varphi_1 + \varphi_2) + i \cdot \sin(\varphi_1 + \varphi_2)]$$

$$\frac{z_1}{z_2} = \frac{r_1}{r_2} \cdot [\cos(\varphi_1 - \varphi_2) + i \cdot \sin(\varphi_1 - \varphi_2)]$$

Diese beiden Sätze lassen sich mit Hilfe der Additionstheoreme für $\cos(\alpha \pm \beta)$ bzw. $\sin(\alpha \pm \beta)$ beweisen.

Berechne $z_1 \cdot z_2$ und $\frac{z_1}{z_2}$ für $z_1 = 1{,}55 + 5{,}80\,i$, $z_2 = 1{,}5 \cdot \sqrt{3} + 1{,}5i$

Umrechnen in Polardarstellung:

z_1: $\tan \varphi_1 = \frac{5{,}80}{1{,}55}$
$\varphi_1 = 75{,}03..° = 75°$
$r_1 = \sqrt{1{,}55^2 + 5{,}80^2} = 6{,}00..$
$r_1 = 6$
$z_1 = 6 \cdot (\cos 75° + i \cdot \sin 75°)$

Beachte: Die beiden Zahlen liegen im 1. Quadranten, daher muss der jeweilige Winkel ein spitzer Winkel sein.

z_2: $\tan \varphi_2 = \frac{1{,}5}{3 \cdot \sqrt{3}}$
$\varphi_2 = 30°$
$r_2 = \sqrt{(1{,}5 \cdot \sqrt{3})^2 + 1{,}5^2} = 3$
$r_2 = 3$
$z_2 = 3 \cdot (\cos 30° + i \cdot \sin 30°)$

$z_1 \cdot z_2 = 6 \cdot 2 \cdot [\cos(75° + 30°) + i \cdot \sin(75° + 30°)] =$
$= 12 \cdot (\cos 105° + i \cdot \sin 105°)$ bzw. $z_1 \cdot z_2 = -3{,}11 + 11{,}59i$

$\frac{z_1}{z_2} = \frac{6}{2} \cdot [\cos(75° - 30°) + i \cdot \sin(75° - 30°)]$
$= 3 \cdot (\cos 45° + i \cdot \sin 45°)$ bzw. $\frac{z_1}{z_2} = 2{,}12 + 2{,}12i$

Für das Potenzieren von komplexen Zahlen in der Polardarstellung verwendet man den

Satz von de MOIVRE
$[r \cdot (\cos \varphi + i \sin \varphi)]^n = r^n \cdot [\cos(n \cdot \varphi) + i \cdot \sin(n \cdot \varphi)]$ für $n \in \mathbb{N}^*$

Abraham de Moivre (1667–1754) franz. Mathematiker

Berechne z^3 für $z = 1 + i$!
Umrechnen in Polardarstellung
Die Zahl liegt im 1. Quadranten, es gilt $0 < \varphi < 90°$

$\tan \varphi = \frac{1}{1} = 1 \rightarrow \varphi = 45°$ $\qquad r = \sqrt{1^2 + 1^2} = \sqrt{2}$

$z = \sqrt{2} \cdot (\cos 45° + i \cdot \sin 45°)$

$z^3 = (\sqrt{2})^3 \cdot [\cos (3 \cdot 45°) + i \cdot \sin (3 \cdot 45°)] =$ Anwenden des Satzes von de Moivre

$= 2 \cdot \sqrt{2} \cdot (\cos 135° + i \cdot \sin 135°)$ oder $z^3 = -2 + 2i$

Berechne z^5 für $z = 2 \cdot (\cos 75° + i \cdot \sin 75°)$!

$z^5 = 2^5 \cdot [\cos (5 \cdot 75°) + i \cdot \sin (5 \cdot 75°)] =$

$= 32 \cdot (\cos 375° + i \cdot \sin 375°)$

$z^5 = 32 \cdot (\cos 15° + i \cdot \sin 15°)$

Beachte: Jeder Winkel ≥ 360° wird durch den entsprechenden Winkel des Intervalls [0°; 360°] ersetzt. 375° = 360° + 15° → 375° entspricht 15° (reduzierte Darstellung)

Berechnung der n-ten Wurzel aus einer komplexen Zahl

Das Wurzelziehen ist die Umkehroperation zum Potenzieren. Wenn man also zum Beispiel die dritte Wurzel der Zahl $z = (r; \varphi)$ berechnen soll, so muss man als Wurzelwert $x = \sqrt[3]{z}$ jene komplexe Zahl finden, für die $x^3 = z$ gilt.

Man kann auch sagen, dass x die Lösung der Gleichung $x^3 - z = 0$ ist.

Berechne $\sqrt[3]{z}$ für $z = 8 \cdot (\cos 75° + i \cdot \sin 75°)$!

Beachte, dass mit dem Winkel 75° + k · 360° (mit $k \in \mathbb{N}^*$) gerechnet werden muss, da 75° bereits eine reduzierte Darstellung sein kann.

$x^3 = 8 \cdot [\cos(75° + k \cdot 360°) + i \cdot \sin(75° + k \cdot 360°)]$

Um $x = \sqrt[3]{z}$ zu errechnen, verwendet man die Umkehrung des Satzes von de Moivre.

dritte	$z = r \cdot (\cos \varphi + i \cdot \sin \varphi)$	zur
Wurzel	$x = \sqrt[3]{r} \cdot (\cos \frac{\varphi}{3} + i \cdot \sin \frac{\varphi}{3})$	3. Potenz

$x^3 = 8 \cdot [\cos(75° + k \cdot 360°) + i \cdot \sin(75° + k \cdot 360°)]$

Es gilt: $r = \sqrt[3]{8} = 2 \qquad \varphi = \frac{75° + k \cdot 360°}{3}$

Um die entsprechenden Winkel zu erhalten, muss man für k Zahlen aus $\mathbb{N}$ setzen.

$k = 0 \quad \varphi_0 = \frac{75° + 0 \cdot 360°}{3} = 25° \rightarrow x_0 = 2 \cdot (\cos 25° + i \cdot \sin 25°)$

$k = 1 \quad \varphi_1 = \frac{75° + 1 \cdot 360°}{3} = 145° \rightarrow x_1 = 2 \cdot (\cos 145° + i \cdot \sin 145°)$

$k = 2 \quad \varphi_2 = \frac{75° + 2 \cdot 360°}{3} = 265° \rightarrow x_2 = 2 \cdot (\cos 265° + i \cdot \sin 265°)$

Für $k \geq 3$ erhält man dieselben Winkel, also z. B.:

$k = 3 \quad \frac{75° + 3 \cdot 360°}{3} = 385° \triangleq 25°$

> Für die n-te Wurzel x_k der Zahl $z = r \cdot (\cos \varphi + i \cdot \sin \varphi)$ mit $n \in \mathbb{N}^*$ gilt:
>
> $x_k = \sqrt[n]{r} \cdot (\cos \frac{\varphi + k \cdot 360°}{n} + i \cdot \sin \frac{\varphi + k \cdot 360°}{n})$, wobei k alle ganzen Zahlen von 0 bis n – 1 durchläuft.

Berechne die fünfte Wurzel aus $z = 243 \cdot (\cos 60° + i \cdot \sin 60°)$ und gib sie in der Polarform an!

$r = \sqrt[5]{243} = 3 \quad \varphi = \frac{60° + k \cdot 360°}{5}$

$k = 0 \quad \varphi_0 = \frac{60° + 0 \cdot 360°}{5} = 12° \rightarrow x_0 = (3; 12°)$

$k = 1 \quad \varphi_1 = \frac{60° + 1 \cdot 360°}{5} = 84° \rightarrow x_1 = (3; 84°)$

$k = 2 \quad \varphi_2 = \frac{60° + 2 \cdot 360°}{5} = 156° \rightarrow x_2 = (3; 156°)$

$k = 3 \quad \varphi_3 = \frac{60° + 3 \cdot 360°}{5} = 228° \rightarrow x_3 = (3; 228°)$

$k = 4 \quad \varphi_4 = \frac{60° + 4 \cdot 360°}{5} = 300° \rightarrow x_4 = (3; 300°)$

Berechnung der n-ten Wurzel aus einer reellen Zahl

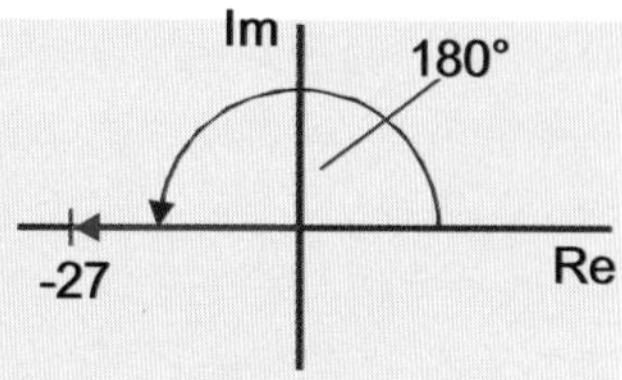

Berechne alle dritten Wurzeln aus $z = -27$!
Die Zahl $z = -27$ lässt sich in der Gauß'schen Zahlenebene in der Form $z = 27 \cdot (\cos 180° + i \cdot \sin 180°) = (27; 180°)$ darstellen.

$r^3 = 27 \rightarrow r = 3 \qquad \varphi = \frac{180° + k \cdot 360°}{3}$

$k = 0 \qquad \varphi_0 = \frac{180° + 0 \cdot 360°}{3} = 60° \rightarrow x_0 = 3 \cdot (\cos 60° + i \cdot \sin 60°) = 1{,}5 + 2{,}60i$

$k = 1 \qquad \varphi_1 = \frac{180° + 1 \cdot 360°}{3} = 180° \rightarrow x_1 = 3 \cdot (\cos 180° + i \cdot \sin 180°) = -3$

$k = 2 \qquad \varphi_2 = \frac{180° + 2 \cdot 360°}{3} = 300° \rightarrow x_2 = 3 \cdot (\cos 300° + i \cdot \sin 300°) = 1{,}5 - 2{,}60i$

Berechne alle sechsten Wurzeln aus 1 und stelle sie in der Gauß'schen Zahlenebene dar!
Die Zahl 1 lässt sich in der Gauß'schen Zahlenebene in der Form $z = (1; 0°)$ bzw. $z = 1 \cdot (\cos 0° + i \cdot \sin 0°)$ darstellen.

$r^6 = 1 \rightarrow r = 1 \qquad \varphi = \frac{0° + k \cdot 360°}{6}$

$k = 0 \qquad \varphi_0 = \frac{0° + 0 \cdot 360°}{6} = 0° \rightarrow x_0 = 1 \cdot (\cos 0° + i \cdot \sin 0°) = 1$

$k = 1 \qquad \varphi_1 = \frac{0° + 1 \cdot 360°}{6} = 60° \rightarrow x_1 = 1 \cdot (\cos 60° + i \cdot \sin 60°)$

$k = 2 \qquad \varphi_2 = \frac{0° + 2 \cdot 360°}{6} = 120° \rightarrow x_2 = 1 \cdot (\cos 120° + i \cdot \sin 120°)$

$k = 3 \qquad \varphi_3 = \frac{0° + 3 \cdot 360°}{6} = 180° \rightarrow x_3 = 1 \cdot (\cos 180° + i \cdot \sin 180°)$

$k = 4 \qquad \varphi_4 = \frac{0° + 4 \cdot 360°}{6} = 240° \rightarrow x_4 = 1 \cdot (\cos 240° + i \cdot \sin 240°)$

$k = 5 \qquad \varphi_5 = \frac{0° + 5 \cdot 360°}{6} = 300° \rightarrow x_5 = 1 \cdot (\cos 300° + i \cdot \sin 300°)$

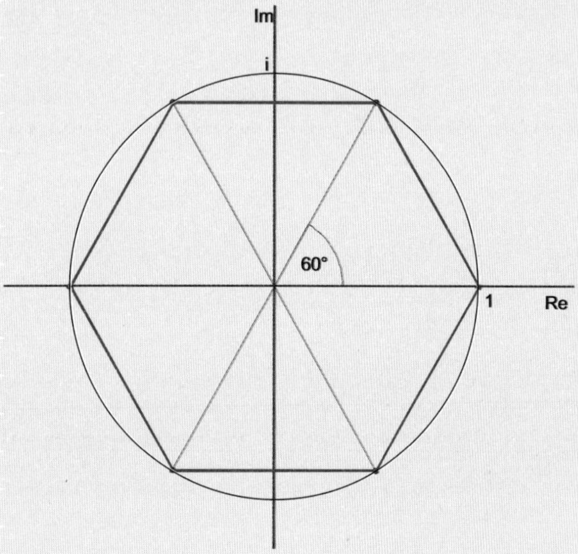

Die n-ten Wurzeln aus 1 heißen n-te Einheitswurzeln.
Sie bilden in der Gauß'schen Zahlenebene ein dem Einheitskreis eingeschriebenes regelmäßiges Sechseck.

Komplexe Zahlen

1 Stelle die Zahlen in der Gauß'schen Zahlenebene dar!

a) $z = 2 + 3i$ **b)** $z = 1 - 2i$ **c)** $z = -2 - i$ **d)** $z = -3 + 2i$

2 Verwandle die gegebenen Zahlen z jeweils in die Polardarstellung! Bestimme zunächst in welchem Quadranten die Zahl liegt!

a) $z = 4 + 3i$ **b)** $z = 1 - i$ **c)** $z = 3 + 2i$ **d)** $z = -2 - 4i$

3 Verwandle die gegebenen Zahlen z jeweils in die Normalform! Bestimme zunächst in welchem Quadranten die Zahl liegt!

a) $z = (5; 45°)$ **b)** $z = (1; 75°)$ **c)** $z = (3; 300°)$ **d)** $z = (2; 120°)$

4 Bestimme Realteil und Imaginärteil der Zahl z und gib sie in der Form $a + b \cdot i$ an!

a) $z = 5 \cdot (\cos 30° + i \cdot \sin 30°)$ **b)** $z = 1 \cdot (\cos 195° + i \cdot \sin 195°)$

c) $z = 3 \cdot (\cos 270° + i \cdot \sin 270°)$ **d)** $z = 6 \cdot (\cos 135° + i \cdot \sin 135°)$

5 Vereinfache soweit wie möglich!

a) $(2 - 3i) \cdot (-2 + 5i)$ **b)** $(4 - 3i)^2 \cdot (1 + 2i)$ **c)** $(-2 - i) \cdot (1 + 3i)^3$

6 Berechne $z_1 + z_2$, $z_1 - z_2$, $z_1 \cdot z_2$, $\frac{z_1}{z_2}$ und $\frac{z_2}{z_1}$ mit

a) $z_1 = 3 - 4i$, $z_2 = -2 + i$ **b)** $z_1 = -2 + 5i$, $z_2 = 5 - 2i$ **c)** $z_1 = 4 + 3i$, $z_2 = -3 - 2i$

7 Berechne und vereinfache soweit wie möglich!

a) $\frac{(3 - 2i)^2}{2 + i}$ **b)** $\frac{(2 + 3i)^2}{i \cdot (-2 + i)}$ **c)** $(5 - 2i) : (-1 + 2i)^2$

8 Berechne die Potenz und gib das Ergebnis in Normalform bzw. in Polardarstellung an!

a) $z = (-1 + 2i)^3$ **b)** $z = (3 - 5i)^2$ **c)** $z = (3; 120°)$, z^4 **d)** $z = (1; 105°)$, z^5

9 Gib alle Wurzeln an und zeichne sie in der Gauß'schen Zahlenebene!

a) $z = 1 - i$, $\sqrt{z}$ **b)** $z = -56 + 8i$, $\sqrt[4]{z}$ **c)** $z = 25 - 4i$, $\sqrt[5]{z}$

d) $z = 8 \cdot (\cos 105° + i \cdot \sin 105°)$, $\sqrt[3]{z}$ **e)** $z = 81 \cdot (\cos 300° + i \cdot \sin 300°)$, $\sqrt[4]{z}$

10 Berechne die n-ten Einheitswurzeln für

a) $n = 3$ **b)** $n = 5$ **c)** $n = 6$ **d)** $n = 8$

Algebraische Gleichungen höheren Grades

Grundlegende Begriffe und Definitionen

Polynomfunktion n-ten Grades

Der Term $p(x) = a_n \cdot x^n + a_{n-1} \cdot x^{n-1} + \ldots + a_1 \cdot x + a_0$ mit $a_i \in \mathbb{R}$ heißt Polynom n-ten Grades in der Variablen x. Die Zahlen a_n, a_{n-1} ... a_0 werden als Koeffizienten bezeichnet, a_0 ist das absolute Glied. n heißt Grad des Polynoms, wobei $n \in \mathbb{N}$ gilt. Ein Polynom vom Grad 0 heißt konstantes Polynom. Gilt $a_n = 1$, so spricht man von einem normierten Polynom.

Beispiele:

$p(x) = 3x^2 - x + 5$	Polynom zweiten Grades (quadratisches Polynom)
$p(x) = 5x^4 + 3x^2 - 2x$	Polynom 4. Grades, mit $a_3 = 0$ und $a_0 = 0$
$p(x) = x^6 + 4x^2$	normiertes Polynom 6. Grades

Wenn man die Variable x mit einer Zahl belegt, so erhält man den entsprechenden Polynomwert.

Beispiel:	$p(x) = 2x^3 + x^2 - 4x - 1$
$x = 3$:	$p(3) = 2 \cdot 3^3 + 3^2 - 4 \cdot 3 - 1 = 50$
$x = 2$:	$p(2) = 2 \cdot 2^3 + 2^2 - 4 \cdot 2 - 1 = 11$
$x = i + 1$	$p(i + 1) = 2 \cdot (i + 1)^3 + (i + 1)^2 - 4 \cdot (i + 1) - 1 = -9 + 2i$

Für die Berechnung von Polynomwerten kann man das HORNER-Schema verwenden. Will man zum Beispiel den Wert eines Polynoms dritten Grades an einer bestimmten Stelle x ausrechnen, kann man so vorgehen.

$p(x) = a_3 \cdot x^3 + a_2 \cdot x^2 + a_1 \cdot x + a_0$
$p(x) = x \cdot (a_3 \cdot x^2 + a_2 \cdot x + a_1) + a_0$
$p(x) = x \cdot [x \cdot (a_3 \cdot x + a_2) + a_1] + a_0$

Durch schrittweises Herausheben von x kann das Polynom so umgeformt werden, dass nur mehr Multiplikationen und Additionen vorkommen.

Rechenvorgang:

❶ Multipliziere x mit a_3 und addiere a_2
❷ Multipliziere x mit der 1. Summe und addiere a_1
❸ Multipliziere x mit der 2. Summe und addiere a_0

Berechne für das Polynom $p(x) = 2x^3 + x^2 - 4x - 1$ die Polynomwerte an der Stelle $x_1 = 3$, $x_2 = 2$ und $x_3 = -1$
Schreibe die Koeffizienten für das Polynom in eine Tabelle und rechne wie oben beschrieben (Horner-Schema)

	a_3	a_2	a_1	a_0	
	2	1	−4	−1	
$x_1 = 3$	2	$3 \cdot 2 + 1 = 7$ ❶	$3 \cdot 7 - 4 = 17$ ❷	$3 \cdot 17 - 1 =$ **50** ❸	← Polynomwert für x = 3
$x_2 = 2$	2	$2 \cdot 2 + 1 = 5$	$2 \cdot 5 - 4 = 6$	$2 \cdot 6 - 1 =$ **11**	← Polynomwert für x = 2
$x_3 = -1$	2	$(-1) \cdot 2 + 1 = -1$	$(-1) \cdot (-1) - 4 = -3$	$(-1) \cdot (-3) - 1 =$ **2**	← Polynomwert für x = −1

Algebraische Gleichungen n-ten Grades

Eine algebraische Gleichung n-ten Grades entsteht, wenn man ein Polynom n-ten Grades Null setzt, d. h. $p(x) = 0$

$a_n \cdot x^n + a_{n-1} \cdot x^{n-1} + \ldots + a_1 \cdot x + a_0 = 0$ mit $a_n \neq 0$

Eine reelle oder komplexe Zahl x_i heißt Nullstelle des Polynoms, wenn $p(x_i) = 0$ ist.
Jede Nullstelle von $p(x)$ ist also Lösung der Gleichung $p(x) = 0$ und umgekehrt.

Zeige, dass $x = 5$ Lösung der Gleichung $x^3 - 2x^2 - 13x - 10 = 0$ ist! Verwende dazu das Horner-Schema!

Berechnung des Polynomwerts an der Stelle $x = 5$:

	a_3	a_2	a_1	a_0	
	1	−2	−13	−10	
$x = 5$	1	$5 \cdot 1 - 2 = 3$	$5 \cdot 3 - 13 = 2$	$5 \cdot 2 - 10 = \mathbf{0}$	$p(5) = 0$

Da $p(5) = 0$ gilt, ist 5 eine Nullstelle des Polynoms und daher Lösung der Gleichung.

Abspalten von reellen Lösungen einer algebraischen Gleichung n-ten Grades

Wenn x_1 eine Nullstelle des Polynoms $p(x)$ vom Grad $n \geq 1$ ist, dann lässt sich $p(x)$ durch $(x - x_1)$ ohne Rest dividieren. Es gilt $p(x) = (x - x_1) \cdot r(x)$, wobei das Restpolynom $r(x)$ ein Polynom vom Grad $n - 1$ ist. $(x - x_1)$ wird als Linearfaktor (Wurzelfaktor) bezeichnet.

Allgemein gilt der Wurzelsatz von VIETA für normierte algebraische Gleichungen:

> Jedes Polynom n-ten Grades (jede Gleichung n-ten Grades) lässt sich als Produkt von n Linearfaktoren darstellen.
>
> $$x^n + a_{n-1} \cdot x^{n-1} + \ldots + a_1 \cdot x + a_0 = (x - x_1) \cdot (x - x_2) \cdot \ldots \cdot (x - x_n) = 0$$

Zeige, dass die Gleichung $x^3 - 4x^2 - 11x + 30 = 0$ die Lösung $x_1 = 2$ hat! Berechne auch die beiden anderen Lösungen!

Für die Überprüfung verwendet man wieder das Horner-Schema.

	a_3	a_2	a_1	a_0	
	1	−4	−11	30	
$x = 2$	1	−2	−15	0	$p(2) = 0$

Da $p(2) = 0$ gilt, ist 2 eine Nullstelle des Polynoms und daher Lösung der Gleichung.
Um die beiden anderen Lösungen zu berechnen, wird der Wurzelsatz von Vieta verwendet.
Es muss gelten: $x^3 - 4x^2 - 11x + 30 = (x - 2) \cdot r(x)$, wobei $r(x)$ vom Grad 2 (quadratisches Polynom) ist. Führe eine Termdivision aus, um auf $r(x)$ zu kommen.

$x^3 - 4x^2 - 11x + 30 = (x - 2) \cdot r(x) \quad |:(x - 2)$

$(x^3 - 4x^2 - 11x + 30) : (x - 2) = x^2 - 2x - 15$ (vergleiche Aufsteigen in Mathematik 4. Klasse)

$\underline{\pm x^3 \mp 2x^2}$

$-2x^2 - 11x$

$\underline{\mp 2x^2 \pm 4x}$

$-15x + 30$

$\underline{\mp 15x \pm 30}$

0 Rest $\qquad r(x) = x^2 - 2x - 15$

Löse die Gleichung $r(x) = 0$

$x^2 - 2x - 15 = 0$

$x_{2,3} = 1 \pm \sqrt{1 + 15} = 1 \pm 4$

$x_2 = -3, x_3 = 5$ Es gilt: $x^3 - 4x^2 - 11x + 30 = (x - 2) \cdot (x + 3) \cdot (x - 5)$

Die 3 Lösungen der Gleichung sind

$x_1 = 2, x_2 = -3, x_3 = 5 \rightarrow L = \{-3; 2; 5\}$

Beachte: Die Koeffizienten des Restpolynoms $r(x)$ bzw. der Gleichung $r(x) = 0$ lassen sich direkt aus dem Horner-Schema ablesen.

	a_3	a_2	a_1		a_0
	1	–4	–11		30
$x = 2$	1	–2	–15		0
	⇓	⇓	⇓		⇓
	$1 \cdot x^2$	$-2 \cdot x$	-15	=	0

Von der Gleichung $x^3 - 5x^2 + 3x + 9 = 0$ kennt man die Lösung $x_1 = -1$. Berechne die anderen Lösungen.

Um sich die Termdivision für die Erstellung des Restpolynoms zu ersparen, kann man das Horner-Schema anwenden.

	a_3	a_2	a_1	a_0
	1	–5	3	9
$x = -1$	1	–6	9	0

$r(x) = x^2 - 6x + 9$

Lösung der zugehörigen Gleichung

$x^2 - 6x + 9 = 0$

$x = 3 \pm \sqrt{9 - 9}$

$x^{(2)} = 3$ Doppellösung (vergleiche Aufsteigen in Mathematik, 5. Klasse)

$L = \{-1; 3^{(2)}\}$

Du weißt schon, dass jede quadratische Gleichung genau 2 Lösungen besitzt. In den vorigen Beispielen wurden die Lösungen von Gleichungen 3. Grades berechnet. Es ergaben sich jeweils 3 Lösungen.

Allgemein, d. h. für Gleichungen n-ten Grades gilt der **Fundamentalsatz der Algebra**:

> Jede Gleichung n-ten Grades hat genau n Lösungen, wobei man bei der Anzahl die Vielfachheit der Lösungen berücksichtigen muss.

Beachte: Der Fundamentalsatz gilt auch für die Gleichung $x^3 - 5x^2 + 3x + 9 = 0$ mit der Lösungsmenge $L = \{-1; 3^{(2)}\}$. Die Doppellösung $3^{(2)}$ wird als 2 Lösungen genommen.

Löse die Gleichung $x^3 + 2x - 12 = 0$! Versuche durch Probieren eine Lösung zu erhalten. Verwende dazu das Horner-Schema.

	a_3	a_2	a_1	a_0
	1	0	2	–12
x = 0	1	0	2	–12
x = 1	1	1	3	–9
x = 2	1	2	6	0

Beachte: Die allgemeine Gleichung 3. Grades lautet: $a_3 \cdot x^3 + a_2 \cdot x^2 + a_1 \cdot x + a_0 = 0$
In der gegebenen Gleichung fehlt der Summand mit x^2, d. h. a_2 muss Null sein.
Im Horner-Schema müssen aber alle Koeffizienten (auch $a_2 = 0$) vorkommen.

x = 2 ist Lösung

$r(x) = x^2 + 2x + 6$

Lösung der zugehörigen Gleichung

$x^2 + 2x + 6 = 0$

$x_{2,3} = -1 \pm \sqrt{1-6} = -1 \pm \sqrt{-5} = -1 \pm i \cdot \sqrt{5}$

$x_2 = -1 - i \cdot \sqrt{5}$ $\quad x_3 = -1 + i \cdot \sqrt{5}$ $\quad L = \{2; -1 - i \cdot \sqrt{5}; -1 + i \cdot \sqrt{5}\}$

Löse die Gleichung $x^4 - 4x^3 + x^2 + 16x - 20 = 0$ über der Grundmenge $\mathbb{C}$! Versuche zunächst eine Lösung mit Hilfe des Horner-Schemas zu finden.

	a_4	a_3	a_2	a_1	a_0	
	1	–4	1	16	–20	
x = 1	1	–3	–2	14	–6	1 ist keine Lösung
x = 2	1	–2	–3	10	0	2 ist Lösung

$x^3 - 2x^2 - 3x + 10 = 0$ Das Restpolynom (Polynom 3. Grades) bzw. die zugehörige Gleichung lassen sich direkt angeben.

Neuerliches Anwenden des Horner-Schema

	a_3	a_2	a_1	a_0	
	1	–2	–3	10	
x = 1	1	–1	–4	6	
x = 2	1	0	–3	4	
x = 3	1	1	0	10	Wert wird größer, wir „entfernen“ uns von 0
x = –1	1	–3	0	10	Probiere kleinere Zahlen
x = –2	1	–4	5	0	–2 ist Lösung

$x^2 - 4x + 5 = 0$ Das Restpolynom bzw. die zugehörige Gleichung lassen sich direkt angeben.

$x = 2 \pm \sqrt{4-5} = 2 \pm \sqrt{-1}$

$x = 2 - i \quad x = 2 + i$

Die Gleichung $x^4 - 4x^3 + x^2 + 16x - 20 = 0$ hat über der Grundmenge $\mathbb{C}$ 4 Lösungen:

$L = \{-2; 2; 2 - i; 2 + i\}$

Besondere Gleichungen höheren Grades

Biquadratische Gleichungen

Jede Gleichung der Form $ax^4 + bx^2 + c = 0$ mit $a, b, c \in \mathbb{R}$ und $a \neq 0$ heißt biquadratische Gleichung.

Löse die Gleichung $x^4 - 3x^2 - 4 = 0$ über der Grundmenge $G = \mathbb{C}$!

$u = x^2$

$u^2 - 3u - 4 = 0$

Ersetze (Substituiere) x^2 durch u. Durch diese Substitution ergibt sich eine quadratische Gleichung in u.

$$u_{1,2} = \frac{3}{2} \pm \sqrt{\frac{9}{4} + 4} = \frac{3}{2} \pm \sqrt{\frac{9+16}{4}} =$$

$$= \frac{3}{2} \pm \sqrt{\frac{25}{4}} = \frac{3}{2} \pm \frac{5}{2}$$

$u_1 = \frac{-2}{2} = -1 \qquad u_2 = \frac{8}{2} = 4$

Es gilt $u = x^2$

$-1 = x^2 \qquad 4 = x^2$

$x_1 = -i,\ x_2 = i \qquad x_3 = -2,\ x_4 = 2 \qquad L = \{-2; 2; -i; i\}$

Symmetrische (Reziproke) Gleichungen

Eine Gleichung, bei der die Koeffizienten symmetrisch angeordnet sind, wird als symmetrische Gleichung bezeichnet.

Beispiele: $ax^3 + bx^2 + bx + a = 0$

$ax^3 + bx^2 - bx - a = 0$

Setzt man in der ersten Gleichung für $x = -1$, so ergibt sich $-a + b - b + a = 0$ w. A., d. h. -1 ist Lösung der Gleichung.

Setzt man in der zweiten Gleichung für $x = 1$, so ergibt sich $a + b - b - a = 0$ w. A., d. h. 1 ist Lösung der Gleichung.

Löse die Gleichung $x^3 - \frac{7}{2}x^2 + \frac{7}{2}x - 1 = 0$ über der Grundmenge $G = \mathbb{C}$!

Setzt man für $x = 1$, so ergibt sich $1 - \frac{7}{2} + \frac{7}{2} - 1 = 0$ w. A., d. h. $x = 1$ ist Lösung der Gleichung.

Horner-Schema zum Auffinden des quadratischen Restpolynoms.

	a_3	a_2	a_1	a_0
	1	$-\frac{7}{2}$	$\frac{7}{2}$	-1
$x = 1$	1	$-\frac{5}{2}$	1	0

$x^2 - \frac{5}{2}x + 1 = 0$

$$x_{2,3} = \frac{5}{4} \pm \sqrt{\frac{25}{16} - 1} = \frac{5}{4} \pm \sqrt{\frac{25-16}{4}} =$$

$$= \frac{5}{4} \pm \sqrt{\frac{9}{16}} = \frac{5}{4} \pm \frac{3}{4}$$

$x_2 = \frac{2}{4} = \frac{1}{2} \qquad x_3 = \frac{8}{4} = 2 \qquad L = \{1; \frac{1}{2}; 2\}$

Beachte: Bei jeder symmetrischen Gleichung gilt, dass auch der Kehrwert (reziproke Wert) einer Lösung ebenfalls Lösung ist.

Löse die Gleichung $12x^4 - 11x^3 - 146x^2 - 11x + 12 = 0$ über der Grundmenge $G = \mathbb{C}$!
Vergleiche die Koeffizienten → auch diese Gleichung ist eine symmetrische Gleichung.

Um eine symmetrische Gleichung mit geradem Grad zu lösen, dividiere durch x^2.

$12x^4 - 11x^3 - 146x^2 - 11x + 12 = 0$ |: x^2

$12x^2 - 11x - 146 - \frac{11}{x} + \frac{12}{x^2} = 0$ Forme so um, dass aus den Gliedern mit dem gleichen Koeffizienten dieser herausgehoben werden kann

$12x^2 + \frac{12}{x^2} - 11x - \frac{11}{x} - 146 = 0$

$12 \cdot (x^2 + \frac{1}{x^2}) - 11 \cdot (x + \frac{1}{x}) - 146 = 0$

Durch die Substitution $u = x + \frac{1}{x}$ erhält man eine quadratische Gleichung in u.

$u = x + \frac{1}{x}$ $|^2$

$u^2 = (x + \frac{1}{x})^2$

$u^2 = x^2 + 2 + \frac{1}{x^2}$ $|-2$

$u^2 - 2 = x^2 + \frac{1}{x^2}$

$12 \cdot (u^2 - 2) - 11u - 146 = 0$

$12u^2 - 24 - 11u - 146 = 0$

$12u^2 - 11u - 170 = 0$

$u_{1,2} = \frac{11 \pm \sqrt{121 - 4 \cdot 12 \cdot (-170)}}{24} =$ Anwenden der „großen" Lösungsformel

$= \frac{11 \pm \sqrt{121 + 8160}}{24} = \frac{11 \pm \sqrt{8281}}{24} = \frac{11 \pm 91}{24}$

$u_1 = \frac{-80}{24} = -\frac{10}{3}$ $u_2 = \frac{102}{24} = \frac{17}{4}$

Es gilt: $u = x + \frac{1}{x}$

$-\frac{10}{3} = x + \frac{1}{x}$ $|\cdot 3x$

$-10x = 3x^2 + 3$

$3x^2 + 10x + 3 = 0$

$x_{1,2} = \frac{-10 \pm \sqrt{100 - 4 \cdot 3 \cdot 3}}{6} = \frac{-10 \pm \sqrt{64}}{6}$

$x_{1,2} = \frac{-10 \pm 8}{6}$

$x_1 = -\frac{18}{6} = -3$ $x_2 = -\frac{2}{6} = -\frac{1}{3}$

$\frac{17}{4} = x + \frac{1}{x}$ $|\cdot 4x$

$17x = 4x^2 + 4$

$4x^2 - 17x + 4 = 0$

$x_{3,4} = \frac{17 \pm \sqrt{289 - 4 \cdot 4 \cdot 4}}{8} = \frac{17 \pm \sqrt{225}}{8}$

$x_{3,4} = \frac{17 \pm 15}{8}$

$x_3 = \frac{2}{8} = \frac{1}{4}$ $x_4 = \frac{32}{8} = 4$

Algebraische Gleichungen höheren Grades

1 Berechne für das angegebene Polynom p(x) die Polynomwerte an den Stellen x_i!

a) $p(x) = x^3 + 2x^2 - 5x - 1$, $x_1 = -3$, $x_2 = -2$, $x_3 = 1$ und $x_4 = 3$

b) $p(x) = 3x^5 - 2x^3 + 4x^2 - 7x + 8$, $x_1 = -3$, $x_2 = -1$, $x_3 = 2$ und $x_4 = 3$

c) $p(x) = \frac{1}{2}x^4 - 5x^3 + \frac{3}{4}x^2 - 2$, $x_1 = -4$, $x_2 = -2$, $x_3 = 1$ und $x_4 = 5$

---

2 Zeige, dass x_1 Lösung der angegebenen Gleichung ist! Verwende dazu das Horner-Schema!

a) $x^3 - 4x^2 - 11x + 30 = 0$, $x_1 = 2$

b) $x^3 - 3x^2 - x + 3 = 0$, $x_1 = 3$

c) $x^3 - 6x^2 + 11x - 6 = 0$, $x_1 = 2$

d) $x^3 - 10x^2 + 19x + 30 = 0$, $x_1 = 6$

---

3 Zeige, dass x_1 Lösung der angegebenen Gleichung ist! Verwende dazu das Horner-Schema!

a) $x^4 - x^3 - 19x^2 - 11x + 30 = 0$, $x_1 = -2$

b) $x^4 + 8x^3 + 15x^2 - 4x - 20 = 0$, $x_1 = -5$

---

4 Zeige, dass die gegebene Gleichung die Lösung x_1 hat!
Berechne auch die anderen Lösungen der Gleichung!

a) $x^3 + 6x^2 + 3x - 10 = 0$; $x_1 = 1$

b) $x^3 - 5x^2 + 2x + 8 = 0$, $x_1 = -1$

c) $x^3 + 11x^2 + 6x - 144 = 0$, $x_1 = 3$

d) $x^3 - 31x + 30 = 0$, $x_1 = -6$

---

5 Löse die gegebene Gleichung über der Grundmenge $\mathbb{C}$. Versuche durch Probieren eine Lösung zu erhalten!

a) $x^3 - 8x^2 + 22x - 20 = 0$

b) $x^3 + 5x^2 - 18 = 0$

c) $x^4 - x^3 + x^2 + 9x - 10 = 0$

d) $x^4 - 7x^3 + 19x^2 - 23x + 10 = 0$

---

6 Löse die gegebene Gleichung über der Grundmenge $\mathbb{C}$.

a) $x^4 + 3x^2 - 4 = 0$

b) $x^4 - 8x^2 - 9 = 0$

---

7 Löse die gegebene Gleichung über der Grundmenge $\mathbb{C}$.

a) $x^3 + \frac{7}{3}x^2 - \frac{7}{3}x - 1 = 0$

b) $x^3 - \frac{13}{4}x^2 - \frac{13}{4}x + 1 = 0$

---

8 Löse die gegebene Gleichung über der Grundmenge $\mathbb{C}$.

a) $8x^4 - 54x^3 + 101x^2 - 54x + 8 = 0$

b) $2x^4 - 9x^3 + 14x^2 - 9x + 2 = 0$

Differentialrechnung

Grundlegende Begriffe und Definitionen

Tangente

Unter einer Tangente versteht man eine Gerade, die einen Kreis oder eine Funktion in einem Punkt berührt.

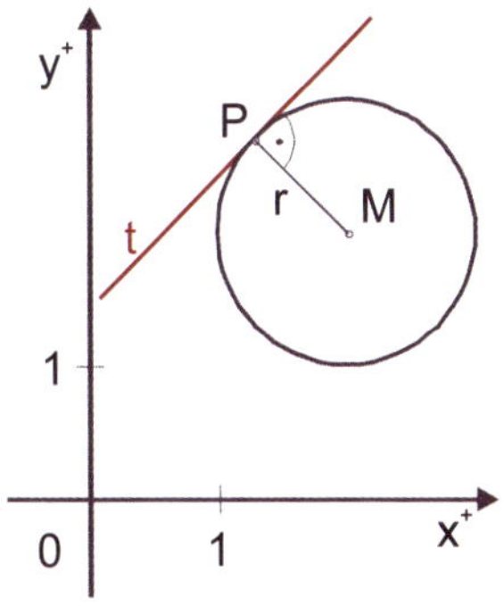

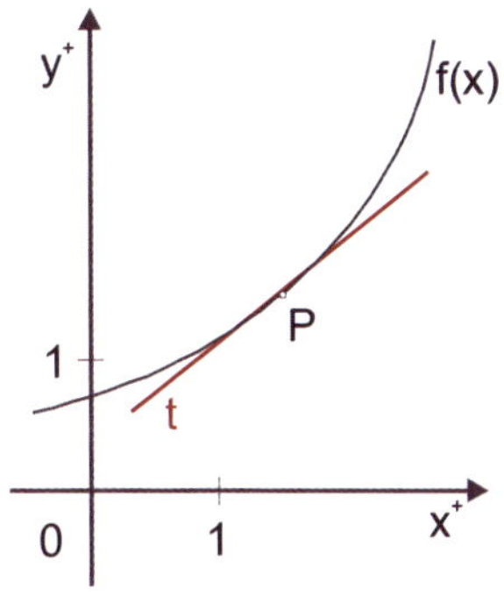

Die Gleichung der Tangente kann mit Hilfe des Punktes P und der Steigung k gefunden werden.

Um die Steigung in einem Punkt eines Funktionsgraphen anzugeben, kann man so vorgehen:

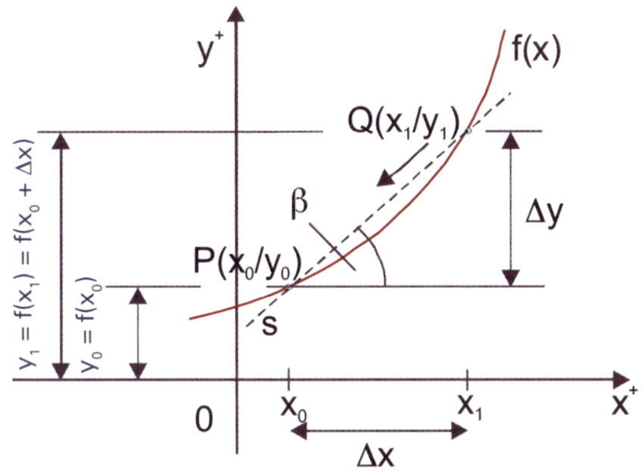

$\Delta y = y_1 - y_0$
$\Delta x = x_1 - x_0$

Δy ... Differenz (Δ) der y Werte
Δx ... Differenz (Δ) der x Werte

Δ ... griech. Buchstabe „Delta" für D (Differenz)

Wähle einen beliebigen Punkt Q auf dem Funktionsgraphen und zeichne die Gerade durch P und Q (Sekante). Diese Gerade hat die Steigung $k_s = \tan\beta$. Da für den Tangens eines Winkels im rechtwinkligen Dreieck gilt: $\tan = \frac{\text{Gegenkathete}}{\text{Ankathete}}$ kann man k_s auch so angeben:

$k_s = \tan\beta = \frac{\Delta y}{\Delta x}$ oder auch $k_s = \tan\beta = \frac{\Delta y}{\Delta x} = \frac{y_1 - y_0}{x_1 - x_0} = \frac{f(x_0 + \Delta x) - f(x_0)}{\Delta x}$

Dieser Quotient (= Sekantenanstieg) wird als Differenzenquotient bezeichnet.

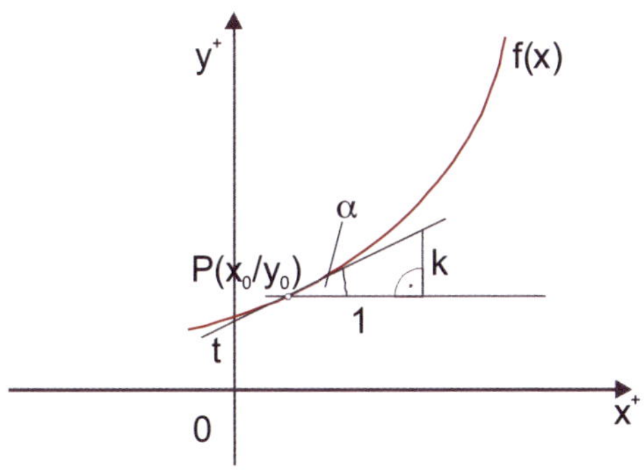

Um zu einer besseren Näherung für die Steigung der Tangente $k = \tan\alpha$ zu gelangen, lässt man Q entlang des Funktionsgraphen in Richtung P streben. Dabei wird die Differenz der x-Werte von P und Q immer kleiner. Wird Δx beliebig klein, so erhält man schließlich die Steigung der Tangente in P. Wenn man also den Grenzwert der Sekantensteigung mit $\Delta x \to 0$ betrachtet, erhält man den Tangentenanstieg in P.

$k = \tan\alpha = \lim\limits_{\Delta x \to 0} \frac{\Delta y}{\Delta x} = \lim\limits_{\Delta x \to 0} \frac{f(x_0 + \Delta x) - f(x_0)}{\Delta x}$

Man schreibt auch $\frac{dy}{dx} = \lim\limits_{\Delta x \to 0} \frac{f(x_0 + \Delta x) - f(x_0)}{\Delta x} = f'(x_0)$ $\frac{dy}{dx}$ sprich „dy nach dx"

Bezeichnungen:

dy ... Differential der Funktion f bei x_0

$\frac{dy}{dx}$ ... Differentialquotient von f bei x_0

$f'(x_0)$ ... (Erste) Ableitung von f bei x_0 sprich „f Strich von (bei) x_0"

Mit Hilfe von $f'(x_0)$ lässt sich die Gleichung der Tangente im Punkt P angeben.

Gib die Gleichung der Tangente im Punkt $P(4/y_P)$ des Graphen der Funktion f: $y = \frac{1}{2}x^2$ an!

$x_0 = x_P = 4 \quad y_P = f(x_0) = \frac{1}{2} \cdot 4^2 = 8 \rightarrow P(4/8)$

$f'(4) = \lim\limits_{\Delta x \to 0} \frac{\frac{1}{2} \cdot (4 + \Delta x)^2 - \frac{1}{2} \cdot 4^2}{\Delta x} =$ Einsetzen der Funktion in die Formel $\lim\limits_{\Delta x \to 0} \frac{f(x_0 + \Delta x) - f(x_0)}{\Delta x}$

$= \lim\limits_{\Delta x \to 0} \frac{\frac{1}{2} \cdot [16 + 8 \cdot \Delta x + (\Delta x)^2] - \frac{1}{2} \cdot 16}{\Delta x} =$ ausrechnen

$= \lim\limits_{\Delta x \to 0} \frac{8 + 4 \cdot \Delta x + \frac{1}{2} \cdot (\Delta x)^2 - 8}{\Delta x} =$

$= \lim\limits_{\Delta x \to 0} \frac{4 \cdot \Delta x + \frac{1}{2} \cdot (\Delta x)^2}{\Delta x} =$ kürzen durch Δx

$= \lim\limits_{\Delta x \to 0} (4 + \frac{1}{2} \cdot \Delta x) = 4 + 0 = 4$ da $\Delta x \rightarrow 0$

Der Anstieg der Tangente im Punkt P ist also $k = 4$.

$y = kx + d$ Gleichung einer Geraden

$8 = 4 \cdot 4 + d$ einsetzen von k bzw. der Koordinaten von P(4/8)

$d = -8$

t: $y = 4x - 8$ Gleichung der Tangente im Punkt P an den Funktionsgraphen $y = \frac{1}{2}x^2$

Mittlere Geschwindigkeit – Momentangeschwindigkeit

Wenn ein Auto die ca. 300 km lange Strecke von Wien nach Salzburg zurücklegt und dafür 3 Stunden benötigt, dann sagt man, das Auto ist mit einer mittleren Geschwindigkeit (Durchschnittsgeschwindigkeit) von 100 km pro Stunde gefahren.

$\bar{v} = \frac{\Delta s}{\Delta t}$ $\bar{v}$ ... mittlere Geschwindigkeit

Δs ... zurückgelegter Weg, Δt ... benötigte Zeit

$\bar{v} = \frac{300\text{ km}}{3\text{ h}} = 100\text{ km/h}$

Das Auto fährt aber sicher nicht 300 km lang genau mit einer konstanten Geschwindigkeit von 100 km/h, sondern verändert diese immer wieder durch Baustellen, Staus, etc.
Mit Hilfe der mittleren Geschwindigkeit kann daher keine Aussage getroffen werden, mit welcher Geschwindigkeit das Auto zu einem bestimmten Zeitpunkt unterwegs ist (Momentangeschwindigkeit).

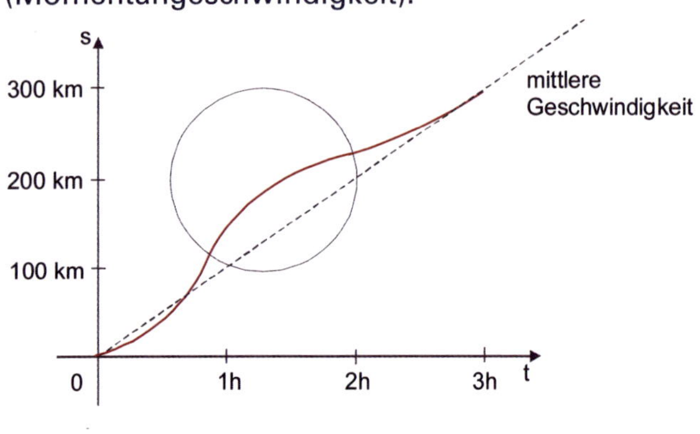

In einem Zeit-Weg-Diagramm könnte sich die Geschwindigkeit (Graph der Geschwindigkeitsfunktion) beispielsweise so darstellen.
In der nächsten Zeichnung ist der gekennzeichnete Bereich vergrößert dargestellt.

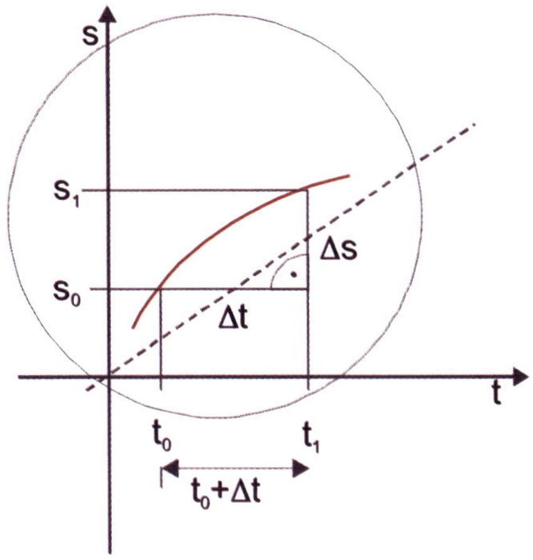

Um die Momentangeschwindigkeit zu bestimmen, betrachtet man den zurückgelegten Weg in immer kleiner werdenden Zeitintervallen Δt. Wenn Δt nach Null strebt, wenn man also den Grenzwert der mittleren Geschwindigkeit betrachtet, so erhält man die Momentangeschwindigkeit.

$$v(t_0) = \lim_{\Delta t \to 0} \frac{\Delta s}{\Delta t} = \lim_{\Delta t \to 0} \frac{s(t_0 + \Delta t) - s(t_0)}{\Delta t} = \frac{ds}{dt} = s'(t_0)$$

Es gilt also: Die Momentangeschwindigkeit ist die erste Ableitung des Weges nach der Zeit.

Zeichne das Zeit-Weg-Diagramm für den freien Fall eines Körpers, der durch das Fallgesetz $s(t) = \frac{1}{2} g \cdot t^2$ beschrieben wird, wobei $g = 9{,}81\ m/s^2 \approx 10\ m/s^2$ (10 m pro Sekunden Quadrat) die Gravitationsbeschleunigung darstellt!

a) Mit welcher mittleren Geschwindigkeit ist der Körper
   (1) in den beiden ersten Sekunden
   (2) in den nächsten beiden Sekunden unterwegs?

b) Berechne die Momentangeschwindigkeit zum Zeitpunkt t = 2 Sekunden!

$s = \frac{1}{2} \cdot 10 \cdot t^2$

$s = 5t^2$

Wertetabelle:

t	s
0	0
1	5
2	20
3	45
4	80
5	125

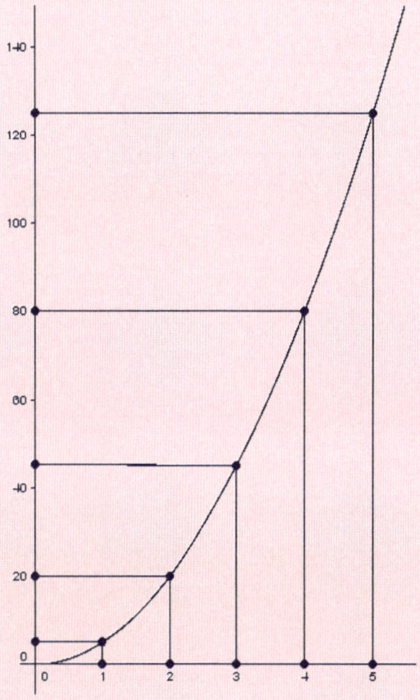

a) $\bar{v} = \frac{\Delta s}{\Delta t}$

(1) $\bar{v}[0; 2] = \frac{s(2) - s(0)}{2 - 0} = \frac{20 - 0}{2} = 10\ m/s$ Die mittlere Geschwindigkeit in den beiden ersten Sekunden ist 10 m/s.

(2) $\bar{v}[2; 4] = \frac{s(4) - s(2)}{4 - 2} = \frac{80 - 20}{2} = 30\ m/s$ Die mittlere Geschwindigkeit in den nächsten beiden Sekunden ist 30 m/s.

b) $v = \lim_{\Delta t \to 0} \bar{v} = \lim_{\Delta t \to 0} \frac{\Delta s}{\Delta t} = \lim_{\Delta t \to 0} \frac{s(t_0 + \Delta t) - s(t_0)}{\Delta t}$

$v = \lim_{\Delta t \to 0} \frac{5 \cdot (2 + \Delta t)^2 - 5 \cdot 2^2}{\Delta t} = \lim_{\Delta t \to 0} \frac{5 \cdot [4 + 4\Delta t + (\Delta t)^2] - 5 \cdot 4}{\Delta t} =$

$= \lim_{\Delta t \to 0} \frac{20 + 20\Delta t + 5 \cdot (\Delta t)^2 - 20}{\Delta t} = \lim_{\Delta t \to 0} \frac{20\Delta t + 5 \cdot (\Delta t)^2}{\Delta t} =$ kürzen durch Δt

$= \lim_{\Delta t \to 0} (20 + 5\Delta t) = 20 + 0 = 20$ $\Delta t \to 0$

$v = 20\ m/s$ Die Momentangeschwindigkeit nach 4 Sekunden beträgt 20 m/s.

Ableitungsfunktion

Wenn eine reelle Funktion $y = f(x)$ an der Stelle x_0 einen Differentialquotienten besitzt, d. h. wenn der Grenzwert $\lim\limits_{\Delta x \to 0} \frac{\Delta y}{\Delta x} = \lim\limits_{\Delta x \to 0} \frac{f(x_0 + \Delta x) - f(x_0)}{\Delta x}$ existiert, dann ist die Funktion an dieser Stelle x_0 differenzierbar. Existiert der Grenzwert in jedem Punkt des Intervalls [a; b], so ist die Funktion $f: y = f(x)$ im Intervall [a; b] differenzierbar. Die Funktion f': $y' = f'(x)$, durch die für jede Stelle der Differentialquotient angegeben werden kann, wird als Ableitung(sfunktion) bezeichnet.

Berechnung der Ableitungsfunktion einer Funktion (Differenzieren einer Funktion)

Potenzregel:
$f: \mathbb{R} \to \mathbb{R}: y = x^n$ mit $n \in \mathbb{N}$ Merkregel: $(x^n)' = n \cdot x^{n-1}$
$y' = n \cdot x^{n-1}$
In der Ableitungsfunktion wird der Exponent als Faktor vor die Variable geschrieben, der Exponent wird um 1 verringert.

Erweiterte Potenzregel:
$f: \mathbb{R} \to \mathbb{R}: y = c \cdot x^n$ mit $c \in \mathbb{R}$ und $n \in \mathbb{N}$ Merkregel: $(c \cdot x^n)' = n \cdot c \cdot x^{n-1}$
$y' = n \cdot c \cdot x^{n-1}$

Berechne die erste Ableitung der gegebenen Funktion!

a) $y = x^3$ Merkregel: $(x^n)' = n \cdot x^{n-1}$
$y' = 3 \cdot x^{3-1}$
$y' = 3x^2$

b) $y = 5x^2$ Merkregel: $(c \cdot x^n)' = n \cdot c \cdot x^{n-1}$
$y' = 2 \cdot 5 \cdot x^{2-1}$
$y' = 10x$

c) $y = \frac{1}{2}x^4$
$y' = 4 \cdot \frac{1}{2} \cdot x^3$
$y' = 2x^3$

d) $y = 3x^5$
$y' = 5 \cdot 3 \cdot x^4$
$y' = 15x^4$

e) $y = 7x$
$y' = 7 \cdot x^{1-1} = 7x^0 = 7 \cdot 1$
$y' = 7$

Ableitung der konstanten Funktion
$f: \mathbb{R} \to \mathbb{R}: y = d$ mit $d \in \mathbb{R}$
$y' = 0$
Die Ableitung einer Konstanten ist Null.

Berechne die erste Ableitung der gegebenen Funktion!

a) $y = 3$
$y' = 0$

b) $y = \frac{1}{2}$
$y' = 0$

c) $y = -5{,}8$
$y' = 0$

Summen- und Differenz-Regel
$(f + g)' = f' + g'$ wobei f und g differenzierbare Funktionen sind
$(f - g)' = f' - g'$
Summen und Differenzen werden gliedweise differenziert.

Berechne die erste Ableitung der gegebenen Funktion!

a) $y = 3x^2 - 2x + 1$
$y' = (3x^2)' - (2x)' + (1)'$
$y' = 6x - 2$

b) $y = 5x^3 - \frac{1}{2}x$
$y' = (5x^3)' - (\frac{1}{2}x)'$
$y' = 15x^2 - \frac{1}{2}$

Gib die Gleichung der Tangente im Punkt $P(1/y_P)$ an den Graphen der Funktion $f: \mathbb{R} \rightarrow \mathbb{R}: y = 4x^3 - 12x^2 + 11$ an!

1. Berechnung der Steigung: $k = f'(x) = y'$ — Die erste Ableitung gibt die Steigung an.

   $f(x) = 4x^3 - 12x^2 + 11$

   $f'(x) = 12x^2 - 24x$ — erste Ableitung

   $f'(1) = 12 \cdot 1^2 - 24 \cdot 1 = -12$

   Der Anstieg der Tangente in $x_P = 1$ ist $k_P = -12$

2. Berechnung von y_P

   $f(1) = 4 \cdot 1^3 - 12 \cdot 1^2 + 11$

   $f(1) = 3$ — $P(1/3)$

3. Gleichung der Tangente in P

   $y = kx + d$ — einsetzen von k_P und P

   $3 = -12 \cdot 1 + d$

   $d = 15$

   $t: y = -12x + 15$

Produktregel:
$(f \cdot g)' = f' \cdot g + f \cdot g'$ — wobei f und g differenzierbare Funktionen sind.
Erster Faktor abgeleitet mal zweiter Faktor unverändert plus erster Faktor unverändert mal zweiter Faktor abgeleitet.

Berechne die erste Ableitung der gegebenen Funktion!

a) $y = \underbrace{x^2}_{f} \cdot \underbrace{(3x + 1)}_{g}$ — f: x^2, f': $2x$ — g: $3x + 1$, g': 3

$y' = 2x \cdot (3x + 1) + x^2 \cdot 3$

$y' = 6x^2 + 2x + 3x^2$

$y' = 9x^2 + 2x$

b) $y = (4x - 3)^2$

Beachte: Diese Funktion lässt sich nicht nach der Potenzregel differenzieren, da die „Basis“ nicht x, sondern $(4x - 3)$ ist. Wenn man den Term in ein Produkt von zwei Faktoren zerlegt, dann lässt sich die Produktregel anwenden.

$y = \underbrace{(4x - 3)}_{f} \cdot \underbrace{(4x - 3)}_{g}$

$y' = 4 \cdot (4x - 3) + 4 \cdot (4x - 3)$

$y' = 8 \cdot (4x - 3)$

$y' = 32x - 24$

Quotientenregel:
$\left(\frac{f}{g}\right)' = \frac{f' \cdot g - f \cdot g'}{g^2}$ — wobei f und g differenzierbare Funktionen sind und $g(x_0) \neq 0$.

Berechne die erste Ableitung der gegebenen Funktion!

$y = \frac{2x^3 - 1}{x^2 + 1}$ (Zähler: f, Nenner: g) — f: $2x^3 - 1$, f': $6x^2$ — g: $x^2 + 1$, g': $2x$

$$y' = \frac{6x^2 \cdot (x^2 + 1) - (2x^3 - 1) \cdot 2x}{(x^2 + 1)^2}$$

$$y' = \frac{6x^4 + 6x^2 - 4x^4 + 2x}{(x^2 + 1)^2} = \frac{2x^4 + 6x^2 + 2x}{(x^2 + 1)^2}$$

Mit Hilfe der Quotientenregel kann man beweisen, dass die Potenzregel auch für negative ganzzahlige Exponenten gilt.

$y = x^{-n} = \frac{1}{x^n}$ — Anwenden der Quotientenregel $\left(\frac{f}{g}\right)' = \frac{f' \cdot g - f \cdot g'}{g^2}$

$y' = \frac{0 \cdot x^n - 1 \cdot n \cdot x^{n-1}}{(x^n)^2} =$ — Anwenden der Rechenregel für das Potenzieren

$= \frac{-n \cdot x^{n-1}}{x^{2n}} = -n \cdot x^{n-1-2n} =$ — Potenz potenzieren → Exponenten multiplizieren

$= -n \cdot x^{-n-1}$ — Potenz dividieren → Exponenten subtrahieren

Ergebnis: $y = x^{-n}$

$y' = -n \cdot x^{-n-1}$

Berechne die erste Ableitung der gegebenen Funktion!

a) $y = \frac{1}{x^3} = x^{-3}$

$y' = -3 \cdot x^{-3-1} = -3 \cdot x^{-4}$

$y' = \frac{-3}{x^4}$

b) $y = \frac{5}{x^2} = 5x^{-2}$

$y' = 5 \cdot (-2) \cdot x^{-3}$

$y' = -\frac{10}{x^3}$

Kettenregel

Bilde die erste Ableitung der Funktion $y = (4x^2 - 3)^2$

Eine solche Funktion wird verkettete oder zusammengesetzte Funktion genannt, da hier 2 Funktions-Vorschriften erfüllt werden müssen.

$x \xrightarrow{1.} 4x^2 - 3 \xrightarrow{2.} (\ldots)^2$

1. Vorschrift — „innere Funktion" f

2. Vorschrift — „äußere" Funktion g

Die Funktion könnte auch so aufgeschrieben werden:

$y = g[f(x)]$

äußere Funktion — innere Funktion

Für die Ableitung einer verketteten (zusammengesetzten) Funktion gilt die

Kettenregel

$y = g[f(x)]$ wobei f und g differenzierbare Funktionen sind

$y' = \underbrace{g' \cdot [f(x)]}_{\text{äußere Ableitung}} \cdot \underbrace{f'(x)}_{\text{innere Ableitung}}$

äußere Ableitung mal innere Ableitung

$y = (4x^2 - 3)^2$ — $f(x) = 4x^2 - 3$

$y' = \underbrace{2 \cdot (4x^2 - 3)^{2-1}}_{\text{äußere Ableitung}} \cdot \underbrace{8x}_{\text{innere Ableitung}}$ — $f'(x) = 8x$

$y' = 16x \cdot (4x^2 - 3)$

Man kann bei diesem Beispiel die Gültigkeit der Kettenregel mit Hilfe der Produktregel überprüfen.

$y = (4x^2 - 3)^2$ — Verwandeln in ein Produkt

$y = (4x^2 - 3) \cdot (4x^2 - 3)$ — Anwenden der Produktregel $(f \cdot g)' = f' \cdot g + f \cdot g'$

$y' = 8x \cdot (4x^2 - 3) + (4x^2 - 3) \cdot 8x = 2 \cdot 8x \cdot (4x^2 - 3)$

$y' = 16x \cdot (4x^2 - 3)$ — Vergleiche mit dem Ergebnis von oben.

Bilde die erste Ableitung der Funktion

a) $y = (2 - 3x)^3$ — zwei Funktionsvorschriften → Kettenregel

$y' = 3 \cdot (2 - 3x)^2 \cdot (-3)$ — äußere mal innere Ableitung

$y' = -9 \cdot (2 - 3x)^2$ — *Beachte*: Man könnte hier die Kettenregel vermeiden, doch ist die Bestimmung der dritten Potenz eines Binoms ziemlich aufwändig.

b) $y = (x^2 - 1)^5$ — zwei Funktionsvorschriften → Kettenregel

$y' = 5 \cdot (x^2 - 1)^4 \cdot 2x$

$y' = 10x \cdot (x^2 - 1)^4$

c) $y = \frac{1}{(x^3 - 1)^2}$ — Man könnte hier direkt die Quotientenregel anwenden oder zunächst umformen und die Kettenregel anwenden.

$y = (x^3 - 1)^{-2}$

$y' = -2 \cdot (x^3 - 1)^{-3} \cdot 3x^2$

$y' = \frac{-6x^2}{(x^3 - 1)^3}$

d) $y = \frac{x^2}{(2x + 1)^3}$ — Quotientenregel $\left(\frac{f}{g}\right)' = \frac{f' \cdot g - f \cdot g'}{g^2}$

$y' = \frac{2x \cdot (2x + 1)^3 - x^2 \cdot 3 \cdot (2x + 1)^2 \cdot 2}{(2x + 1)^6}$ — *Beachte*: Bei der Ableitung von $(2x + 1)^3$ muss man die Kettenregel anwenden: $[(2x + 1)^3]' = 3 \cdot (2x + 1)^2 \cdot 2$

$y' = \frac{2x \cdot (2x + 1) - x^2 \cdot 3 \cdot 2}{(2x + 1)^4}$ — kürzen durch $(2x + 1)^2$

$y' = \frac{4x^2 + 2x - 6x^2}{(2x + 1)^4}$

$y' = \frac{-2x^2 + 2x}{(2x + 1)^4}$

Implizites Differenzieren

Neben der expliziten Darstellung der Funktion $y = f(x)$ lässt sich auch eine implizite Darstellung $f(x, y) = 0$ angeben. Beispiele:

explizite Darstellung	zugehörige	implizite Darstellung
$y = 2x$	→	$2x - y = 0$
$y = 3x + 1$	→	$3x - y + 1 = 0$
$y = \frac{x + 1}{x - 1}$	→	$y - xy + x + 1 = 0$

Man kann eine Funktion, die in impliziter Darstellung gegeben ist, direkt differenzieren (implizites Differenzieren), ohne sie in eine explizite Darstellung überzuführen. Beachte dabei, dass y eine Funktion von x ist.

Berechne die erste Ableitung von $y = \sqrt{3x}$!

$y = \sqrt{3x} \quad |^2$ — Da wir noch keine Regel für die Ableitung der Wurzelfunktion kennen, wird zunächst quadriert.

$y^2 = 3x$ — Implizites Differenzieren. *Beachte*: y ist eine Funktion in x, daher muss y^2 nach der Kettenregel abgeleitet werden!

$2y^1 \cdot y' = 3$ — äußere (2y) mal innere Ableitung (y')

$y' = \frac{3}{2y} = \frac{3}{2 \cdot \sqrt{3x}}$ — Einsetzen für $y = \sqrt{3x}$

Potenzregel für rationale Exponenten

Die Potenzregel gilt auch für rationale Exponenten.
$y = x^{\frac{p}{q}}$ $y' = \frac{p}{q} \cdot x^{\frac{p}{q}-1}$ mit $p, q \in \mathbb{N}, q \neq 0$

Berechne die Ableitung von $y = \sqrt{3x}$ mit Hilfe der Potenzregel!

$y = (3x)^{\frac{1}{2}}$ Kettenregel, Potenzregel

$y' = \frac{1}{2} \cdot (3x)^{\frac{1}{2}-1} \cdot 3$

$y' = \frac{3}{2} \cdot (3x)^{-\frac{1}{2}} = \frac{3}{2} \cdot \frac{1}{(3x)^{\frac{1}{2}}}$

$y' = \frac{3}{2 \cdot \sqrt{3x}}$ Vergleiche mit dem impliziten Differenzieren.

Berechne die Ableitung von $y = \sqrt{x^3 + 2x - 1}$!

$y = (x^3 + 2x - 1)^{\frac{1}{2}}$ Kettenregel, Potenzregel

$y' = \frac{1}{2} \cdot (x^3 + 2x - 1)^{\frac{1}{2}-1} \cdot (3x^2 + 2)$

$y' = \frac{1}{2} \cdot (x^3 + 2x - 1)^{-\frac{1}{2}} \cdot (3x^2 + 2)$

$y' = \frac{3x^2 + 2}{2 \cdot \sqrt{x^3 + 2x - 1}}$

Aus den beiden Beispielen kann man erkennen, dass die Ableitung einer Quadratwurzel die Ableitung des Ausdrucks unter der Wurzel (= innere Ableitung) durch zweimal die Wurzel ist.

$y = \sqrt{f(x)}$ $y' = \frac{f'(x)}{2 \cdot \sqrt{f(x)}}$

Berechne die Ableitung der Funktion $y = x^2 \cdot \sqrt{x^3 + 1}$!

$y = x^2 \cdot \sqrt{x^3 + 1}$ Anwenden der Produktregel

$y' = 2x \cdot \sqrt{x^3 + 1} + x^2 \cdot \frac{3x^2}{2 \cdot \sqrt{x^3 + 1}}$ gleicher Nenner

$y' = \frac{(2x \cdot \sqrt{x^3 + 1}) \cdot 2 \cdot \sqrt{x^3 + 1} + 3x^4}{2 \cdot \sqrt{x^3 + 1}} = \frac{4x \cdot (x^3 + 1) + 3x^4}{2 \cdot \sqrt{x^3 + 1}}$

$y' = \frac{4x^4 + 4x + 3x^4}{2 \cdot \sqrt{x^3 + 1}} = \frac{7x^4 + 4x}{2 \cdot \sqrt{x^3 + 1}}$

Ableitung der Winkelfunktionen, Logarithmus- und Exponentialfunktionen

Ableitung der Winkelfunktionen

Sinus-Funktion: $f: \mathbb{R} \to [-1; 1]$: $y = \sin x$
$y' = \cos x$

Cosinus-Funktion: $f: \mathbb{R} \to [-1; 1]$: $y = \cos x$
$y' = -\sin x$

Tangens-Funktion: $f: \mathbb{R} \setminus \{(2k + 1) \cdot \frac{\pi}{2} \text{ mit } k \in \mathbb{Z}\} \to \mathbb{R}$: $y = \tan x$
$y' = \frac{1}{\cos^2 x} = 1 + \tan^2 x$

Berechne die Ableitung der gegebenen Funktion!

a) $y = \sin x \cdot \cos x$ Produktregel

$y' = \cos x \cdot \cos x + \sin x \cdot (-\sin x)$

$y' = \cos^2 x - \sin^2 x$ oder $y' = \cos^2 x - (1 - \cos^2 x)$

$y' = 2 \cdot \cos^2 x - 1$

b) $y = \sin 2x$ Kettenregel: sin äußere Funktion, 2x innere Funktion
$y' = (\cos 2x) \cdot 2$
$y' = 2 \cdot \cos 2x$

c) $y = \cos^2 x = (\cos x)^2$
$y' = 2 \cdot \cos x \cdot (-\sin x)$
$y' = -2 \cdot \sin x \cdot \cos x$

d) $y = \tan^2 x = (\tan x)^2$
$y' = 2 \cdot \tan x \cdot (1 + \tan^2 x)$
$y' = 2 \cdot (\tan x + \tan^3 x)$

Ableitung der Logarithmusfunktion

f: $\mathbb{R}^+ \to \mathbb{R}$: $y = \ln x$
$y' = \frac{1}{x}$

f: $\mathbb{R}^+ \to \mathbb{R}$: $y = {}^a\log x$
$y' = \frac{1}{x \cdot \ln a}$

Ableitung der Exponentialfunktion

f: $\mathbb{R} \to \mathbb{R}^+$: $y = e^x$
$y' = e^x$

f: $\mathbb{R} \to \mathbb{R}^+$: $y = a^x$
$y' = a^x \cdot \ln a$

Bilde die Ableitung folgender Funktionen!

a) $y = e^{-x}$ *Beachte*: Zusammengesetzte Funktion (2 Vorschriften), daher Kettenregel
$y' = e^{-x} \cdot (-1)$
$y' = -e^{-x}$

b) $y = e^x \cdot \sin x$ Produktregel
$y' = e^x \cdot \sin x + e^x \cdot \cos x = e^x \cdot (\sin x + \cos x)$

c) $y = 2^x$
$y' = 2^x \cdot \ln 2$

d) $y = \frac{x}{e^x}$ Quotientenregel
$y' = \frac{1 \cdot e^x - x \cdot e^x}{(e^x)^2}$
$y' = \frac{e^x \cdot (1 - x)}{(e^x)^2}$ kürzen durch e^x
$y' = \frac{1-x}{e^x}$

e) $y = 2^{\sin x}$ zusammengesetzte Funktion
$y' = 2^{\sin x} \cdot \cos x \cdot \ln 2$

Das Newton'sche Näherungsverfahren

Manche Gleichungen lassen sich, wenn überhaupt, nur mit großen Schwierigkeiten lösen. Mit Hilfe des Newton'schen Näherungsverfahrens kann man die Lösungen bestimmen. Dabei bestimmt man eine ungefähre Lösung, die man durch Ausprobieren findet, und verbessert diese durch mehrmaliges Anwenden des Verfahrens. Dadurch kann man sich dem Wert der Lösung beliebig annähern. Sir Isaac Newton (1643–1727), ein berühmter englischer Naturwissenschaftler, entwickelte das folgende Verfahren.

Wenn man die Lösung einer Gleichung sucht, so ist diese Aufgabe dieselbe, wie wenn man von einer Funktion f(x) die Nullstelle berechnet (vergleiche Aufsteigen in Mathematik 6, Kapitel Reelle Funktionen). Jene Argumente x, denen der Funktionswert $y = 0$ zugeordnet ist, heißen Nullstellen der Funktion $y = f(x)$. Die Nullstellen sind also Lösungen der Gleichung $f(x) = 0$.

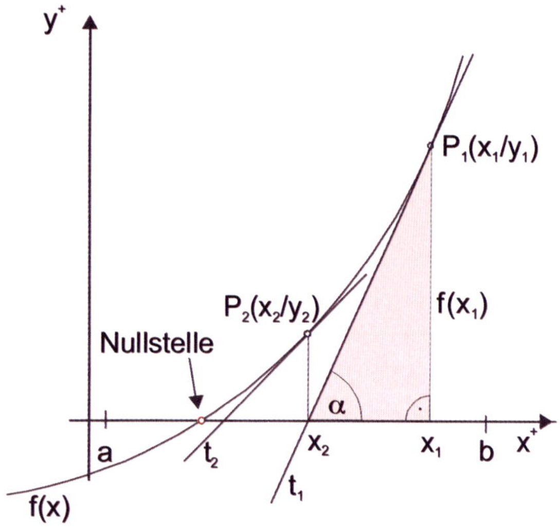

Man geht davon aus, dass ein Intervall [a; b] bestimmt ist (man findet es durch Probieren), in dem die gesuchte Nullstelle liegt. Auf dem Funktionsgraphen wird in der Nähe ein Punkt $P_1(x_1/y_1)$ angenommen. In diesem Punkt wird eine Tangente gelegt und mit der x-Achse geschnitten. Die Tangente an der Stelle x_2, d. h. im Punkt $P_2(x_2/y_2)$ wird wieder mit der x-Achse geschnitten. Die Idee von Newton war es also, sich von einem Startpunkt ausgehend der Nullstelle immer mehr zu nähern.

Anmerkung: Die Funktion muss im Intervall [a; b], in der die Nullstelle liegt, differenzierbar sein.

Rechnerisches Verfahren:

Für die Tangente t_1 gilt:

$$k = f'(x_1) = \tan \alpha = \frac{\text{Gegenkathete}}{\text{Ankathete}}$$

$$f'(x_1) = \frac{f(x_1)}{x_1 - x_2} \qquad |\cdot (x_1 - x_2)$$

$$(x_1 - x_2) \cdot f'(x_1) = f(x_1)$$

$$x_1 \cdot f'(x_1) - x_2 \cdot f'(x_1) = f(x_1) \qquad |+ x_2 \cdot f'(x_1) - f(x_1)$$

$$x_1 \cdot f'(x_1) - f(x_1) = x_2 \cdot f'(x_1) \qquad |: f'(x_1)$$

$$x_1 - \frac{f(x_1)}{f'(x_1)} = x_2$$

Wird das Verfahren beliebig oft wiederholt, so erhält man eine Verallgemeinerung der obigen Formel.

$$x_{n+1} = x_n - \frac{f(x_n)}{f'(x_n)}$$

Berechne mit Hilfe des Newton'schen Näherungsverfahrens auf 4 Dezimalstellen die Lösungen der Gleichung $x^3 + 2x - 7 = 0$!

Zunächst wird die zugehörige Funktionsgleichung aufgestellt und die erste Ableitung gebildet.

$f(x) = x^3 + 2x - 7$

$f'(x) = 3x^2 + 2$

Mit Hilfe des Horner-Schemas wird ein x-Wert bestimmt, der in der Nähe der Nullstelle liegt.
Beachte: $a_2 = 0$

	a_3	a_2	a_1	a_0
	1	0	2	–7
x = 0	1	0	2	–7
x = 1	1	1	3	–4
x = 2	1	2	6	5

Da zwischen 1 und 2 ein Vorzeichenwechsel bei den Funktionswerten vorliegt, der Graph als die x-Achse schneidet, muss eine Nullstelle (Lösung der Gleichung) dazwischenliegen.

Beginne daher für das Newton'sche Näherungsverfahren mit dem Startwert x = 1,5

$f(x) = x^3 + 2x - 7$ $\qquad$ $f'(x) = 3x^2 + 2$

$x_{n+1} = x_n - \frac{f(x_n)}{f'(x_n)}$

$x_1 = 1,5$ $\qquad$ Startwert, Einsetzen in die Tabelle

$x_2 = 1,5 - \frac{-0,625}{8,75} = 1,57142..$ $\qquad$ 1. Näherungswert, Einsetzen in die Tabelle

$x_3 = 1,5714 - \frac{0,0231}{9,4079} = 1,56894..$ $\qquad$ 2. Näherungswert

$x_4 = 1,5689 - \frac{-0,0005}{9,3843} = 1,56895..$ $\qquad$ 3. Näherungswert

Da die ersten 4 Dezimalstellen übereinstimmen, ist die erste Lösung x = 1,5689

	a_3	a_2	a_1	a_0
f(x)	1	0	2	–7
x = 1,5	1	1,5	4,25	–0,625
x = 1,5714	1	1,5714	4,4693	0,0231
x = 1,5689	1	1,5689	4,4614	–0,0005

	a_2	a_1	a_0
f'(x)	3	0	2
x = 1,5	3	4,5	8,75
x = 1,5714	3	4,7142	9,4079
x = 1,5689	3	4,7067	9,3843

Das Restpolynom r(x) lässt sich wieder aus dem Horner-Schema ablesen.

$r(x) = x^2 + 1,5689x + 4,4614$

Löse die entsprechende Gleichung

$x^2 + 1,5689x + 4,4614 = 0$

$x = -0,7845 \pm \sqrt{0,6154 - 4,4614} = -0,7845 \pm \sqrt{-3,8460}$

$x = -0,7845 \pm 1,9611 \cdot i$

$L = \{1,5689; -0,7845 - 1,9611 \cdot i; -0,7845 + 1,9611 \cdot i\}$

Differentialrechnung

1 Berechne die Steigung der Tangente im Punkt P des Graphen der gegebenen Funktion f mit Hilfe von Grenzwertüberlegungen und gib die Gleichung der Tangente an!

a) $P(3/y_P)$, $f: y = \frac{1}{3}x^2$ **b)** $P(2/y_P)$, $f: y = \frac{1}{2}x^3$ **c)** $P(-1/y_P)$, $f: y = 2x^2$

2 Berechne die Momentangeschwindigkeit v zum Zeitpunkt t_0!

a) $s = 5t^2 + 8$, $t_0 = 3$ **b)** $s = 2t^2 + 3$, $t_0 = 4$

3 Berechne die erste Ableitung der gegebenen Funktion!

a) $y = 3x^2$ **b)** $y = -2x^3$ **c)** $y = \frac{2}{3}x^4$ **d)** $y = -\frac{3}{4}x^5$

4 Berechne die erste Ableitung der gegebenen Funktion!

a) $y = 2x^3 - 4x^2$ **b)** $y = -7x^2 + 4x - 3$

c) $y = \frac{x^4}{4} + \frac{x^3}{2} - 2x + 5$ **d)** $y = -\frac{1}{3}x^5 - 3x^2 + \frac{1}{2}$

5 Berechne die erste Ableitung der gegebenen Funktion!

a) $y = x^3 \cdot (x + 1)$ **b)** $y = (2x + 1)^2$ **c)** $y = (2x^2 + 1)^3$

d) $y = (3x - 1)^2 \cdot (x + 1)^3$ **e)** $y = (x^3 + 2x^2 - 1) \cdot (x^2 + 1)$

6 Berechne die erste Ableitung der gegebenen Funktion!

a) $y = \frac{x^2 - 3}{x^2 + 1}$ **b)** $y = \frac{2x - 3}{3x^3 + 1}$ **c)** $y = \frac{x}{x^2 - 1}$ **d)** $y = \frac{2x^2 - 5}{x^3 - 2}$

7 Berechne die erste Ableitung der gegebenen Funktion!

a) $y = \frac{x^5 - 3}{x - 1} + \frac{x}{x + 2}$ **b)** $y = \frac{x}{2x^2 + 1} - x^2$ **c)** $y = \frac{x^3}{x - 1} + \frac{1}{x}$

8 Berechne die erste Ableitung der gegebenen Funktion!

a) $y = \frac{1}{x^2}$ **b)** $y = \frac{-3}{x^3}$ **c)** $y = \frac{3}{x^2} - \frac{5}{x^3 - 2}$ **d)** $y = \frac{1}{x} + \frac{1}{x^2} + \frac{1}{x^3}$

9 Bilde die erste Ableitung der Funktion!

a) $y = (2x^2 + 1)^3$ **b)** $y = (3x^2 + 3)^3$ **c)** $y = \frac{1}{(x^2 + 2)^2}$ **d)** $y = \frac{(2 - x)^2}{(3 - 5x)^3}$

10 Berechne die erste Ableitung der Funktion!

a) $y = \sqrt{5x}$ b) $y = \sqrt{x^2 - 3}$ c) $y = \sqrt[3]{5x^2}$

d) $y = \sqrt[4]{3x^3} + \sqrt[3]{x^2 - 4}$ e) $y = \frac{\sqrt{x}+1}{x}$ f) $y = \sqrt[3]{\frac{x^2-1}{x}}$

11 Berechne die Ableitung der Funktion!

a) $y = x^3 \cdot \sqrt{x^2 - 1}$ b) $y = (3x^2 + 2) \cdot \sqrt[3]{2x^2 + 3}$

12 Berechne die Ableitung der gegebenen Funktion!

a) $y = \sin^2 x$ b) $y = -\sin 3x$ c) $y = 5 \cdot \cos^3 x$ d) $y = -3 \cdot \tan^2 x$

13 Berechne die Ableitung der gegebenen Funktion!

a) $y = -4 \cdot \sin^2 x + 3 \cdot \tan x$ b) $y = \cos 3x - \sin^2 x$ c) $y = 3 \cdot \sqrt{\sin x}$

14 Ermittle die Ableitung durch implizites Differenzieren!

a) $x^2 \cdot y = 5 - x$ b) $3x^2 + 4y^2 = 12$ c) $\frac{x}{y^2} = x^2 - 3$

15 Bilde die Ableitung folgender Funktionen!

a) $y = 3 \cdot e^{-x}$ b) $y = e^{-x} \cdot \cos x$ c) $y = 5^x + e^{2x}$ d) $y = \frac{-3^x}{x}$

16 Bilde die Ableitung folgender Funktionen!

a) $y = \ln x^2$ b) $y = (\ln x)^2$ c) $y = \frac{1}{\ln x}$ d) $y = x \cdot \ln x$

17 Bilde die Ableitung der Funktionen!

a) $y = e^x \cdot \sqrt{\frac{x+1}{x-1}}$ b) $y = e^x \cdot \sqrt{\frac{1-x}{1+x}}$

18 Ermittle mit Hilfe des Newton´schen Näherungsverfahrens alle Lösungen der Gleichung!

a) $x^3 - 2x^2 - 1 = 0$ b) $x^3 - 7x + 1 = 0$

Höhere Ableitungen und ihre Bedeutung

Höhere Ableitungen

Wenn man eine Polynomfunktion n-ten Grades ableitet, erhält man wieder eine Polynomfunktion. Diese Funktion hat den Grad n – 1. Abhängig vom Grad der ursprünglichen Funktion lassen sich mehrere Ableitungen bilden, wobei sich der Grad von Ableitung zu Ableitung um 1 verringert.

$y = 5x^4 - 3x^2 + 2$	
$y' = 20x^3 - 6x$	1. Ableitung, sprich „y strich“
$y'' = 60x^2 - 6$	2. Ableitung, sprich „y zwei strich“
$y''' = 120x$	3. Ableitung, sprich „y drei strich“
$y^{IV} = 120$	4. Ableitung, sprich „y vier strich“
$y^{V} = 0$	5. Ableitung, sprich „y fünf strich“

Jede weitere Ableitung ist nicht sinnvoll, sie wären alle Null.

Im Gegensatz zu einer Polynomfunktion kann man eine Winkelfunktion beliebig oft ableiten.

$y = \sin x$	$y^{IV} = -(-\sin x) = \sin x$
$y' = \cos x$	$y^{V} = \cos x$
$y'' = -\sin x$	usw.
$y''' = -\cos x$	

Man erkennt, dass die Ableitungsfunktionen sich periodisch wiederholen.

Anmerkung: Statt y', y'', y''' ... kann man auch $f'(x), f''(x), f'''(x)$ ... schreiben.

Zusammenhang zwischen f(x), f′(x), f′′(x), f′′′(x)

Erinnere dich an die Wegfunktion s(t). Sie stellt den Weg in Abhängigkeit von der Zeit dar. Mit Hilfe der mittleren Geschwindigkeit waren wir im Stande, die Momentangeschwindigkeit anzugeben.

$$v(t_0) = \lim_{\Delta t \to 0} \frac{\Delta s}{\Delta t} = \lim_{\Delta t \to 0} \frac{s(t_0 + \Delta t) - s(t_0)}{\Delta t} = \frac{ds}{dt} = s'(t_0)$$

Die Momentangeschwindigkeit ist die erste Ableitung des Weges nach der Zeit.

Konsequent weitergedacht, ist es auch möglich, die Änderung der Momentangeschwindigkeit in Zeitintervallen $\frac{\Delta v}{\Delta t}$ anzugeben.
Dieser Quotient wird in der Physik als durchschnittliche Beschleunigung bezeichnet.
Betrachtet man den entsprechenden Grenzwert, also $\Delta t \to 0$, so erhält man die Momentanbeschleunigung a.

$$a(t_0) = \lim_{\Delta t \to 0} \frac{\Delta v}{\Delta t} = \lim_{\Delta t \to 0} \frac{v(t_0 + \Delta t) - v(t_0)}{\Delta t} = \frac{dv}{dt} = v'(t_0)$$

Zusammenfassung:

$s(t)$	Weg abhängig von der Zeit
$v = s'(t)$	Momentangeschwindigkeit = 1. Ableitung des Weges nach der Zeit
$a = v'(t)$	Momentanbeschleunigung = 1. Ableitung der Momentangeschwindigkeit nach der Zeit

aber auch

$a = s''(t)$	Momentanbeschleunigung = 2. Ableitung des Weges nach der Zeit

Die Funktion $s(t) = \frac{1}{1200}t^4 - \frac{1}{10}t^3 + \frac{9}{2}t^2$ beschreibt den Weg in m, den ein Sportwagen in der Abhängigkeit von der Zeit bis zum Erreichen der Höchstgeschwindigkeit zurücklegt. Die Höchstgeschwindigkeit wird dann erreicht, wenn die Beschleunigung Null ist.

a) Welche Wegstrecke legt das Auto in 20 Sekunden zurück?
b) Mit welcher Geschwindigkeit ist das Auto nach 20 Sekunden unterwegs?
Gib die Geschwindigkeit in m/s bzw. km/h an!
c) Wann erreicht das Auto die Höchstgeschwindigkeit? Wie hoch ist diese Geschwindigkeit?

a) $s(t) = \frac{1}{1200}t^4 - \frac{1}{10}t^3 + \frac{9}{2}t^2$

$s(20) = \frac{1}{1200} \cdot 20^4 - \frac{1}{10} \cdot 20^3 + \frac{9}{2} \cdot 20^2 = 1133{,}3..$

Der Sportwagen hat nach 20 Sekunden eine Wegstrecke von ungefähr 1133 m zurückgelegt.

b) Die Momentangeschwindigkeit ist die erste Ableitung des Weges nach der Zeit.

$s(t) = \frac{1}{1200}t^4 - \frac{1}{10}t^3 + \frac{9}{2}t^2$

$v(t) = s'(t) = \frac{1}{300}t^3 - \frac{3}{10}t^2 + 9t$

$v(20) = \frac{1}{300} \cdot 20^3 - \frac{3}{10} \cdot 20^2 + 9 \cdot 20 = 86{,}67$ $\quad v(20) = 86{,}67$ m/s

Umrechnung in km/h

Beachte: 1 km = 1000 m, 1 h = 3600 s $\quad \frac{km}{h} = \frac{1000m}{3600s} = \frac{1m}{3{,}6s}$

km/h → $\frac{1}{3{,}6}$ m/s $\quad |\cdot 3{,}6$

3,6 km/h ← 1 m/s

Für die Umrechnung von m/s in km/h muss man mit 3,6 multiplizieren.

86,67 m/s ≙ 312,012 km/h $\quad 86{,}67 \cdot 3{,}6 = 312{,}012$

Der Sportwagen ist nach 20 Sekunden mit einer Geschwindigkeit von ca. 87 m/s bzw. ca. 312 km/h unterwegs.

c) Momentanbeschleunigung a(t) ist die 2. Ableitung des Weges nach der Zeit.

$s(t) = \frac{1}{1200}t^4 - \frac{1}{10}t^3 + \frac{9}{2}t^2$

$v(t) = s'(t) = \frac{1}{300}t^3 - \frac{3}{10}t^2 + 9t$

$a(t) = v'(t) = s''(t) = \frac{1}{100}t^2 - \frac{3}{5}t + 9$

$\frac{1}{100}t^2 - \frac{3}{5}t + 9 = 0 \quad |\cdot 100$ $\quad$ Für die Höchstgeschwindigkeit gilt: $a(t) = 0$

$t^2 - 60t + 900 = 0$

$t_{1,2} = 30 \pm \sqrt{900 - 900} = 30$

Nach 30 Sekunden wird die Höchstgeschwindigkeit erreicht.

$v(30) = \frac{1}{300} \cdot 30^3 - \frac{3}{10} \cdot 30^2 + 9 \cdot 30 = 90$ $\quad$ Berechnung der Höchstgeschwindigkeit

$v(30) = 90$ m/s $\quad 90 \cdot 3{,}6 = 324$

$v(30) = 324$ km/h

Die Höchstgeschwindigkeit beträgt 90 m/s bzw. 324 km/h.

Das folgende Beispiel zeigt den Zusammenhang einer Funktion mit ihrer ersten, zweiten und dritten Ableitung.

$y = 0{,}25x^3 + 1{,}5x^2 - 3$

$y' = 0{,}75x^2 + 3x$

$y'' = 1{,}5x + 3$

$y''' = 1{,}5$

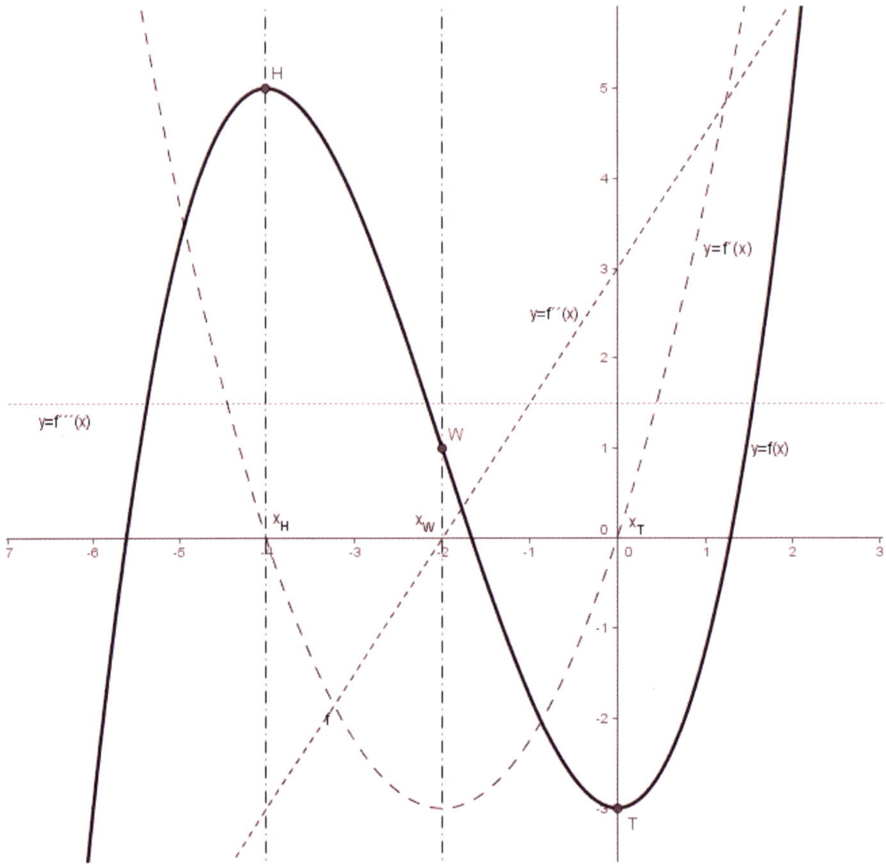

In der Zeichnung sind f(x), f′(x), f″(x) und f‴(x) dargestellt.
Daraus kann man die wesentlichsten Eigenschaften der Funktion erkennen.
(Vergleiche dazu auch Aufsteigen in Mathematik 6. Klasse, Kapitel Reelle Funktionen.)

Monotonieverhalten

Die Funktion ist im Intervall $]-\infty; x_H]$ streng monoton steigend, d. h. mit wachsendem x-Wert wird auch der zugehörige Funktionswert größer. Im Intervall $[x_H; x_T]$ ist die Funktion streng monoton fallend, d. h. mit wachsendem x-Wert wird der zugehörige Funktionswert kleiner. Im Intervall $[x_T; \infty[$ ist die Funktion wieder streng monoton steigend.
In den relativen Extremstellen x_H bzw. x_T ändert sich das Monotonieverhalten.

Erinnere dich:
An der Stelle x_H liegt bezogen auf eine kleine Umgebung (unmittelbar um x_H) der größte Funktionswert vor. Diese Stelle wird relatives (lokales) Maximum genannt. Der zugehörige Punkt $H(x_H/f(x_H))$ wird als Hochpunkt bezeichnet.
An der Stelle x_T liegt bezogen auf eine kleine Umgebung (unmittelbar um x_T) der kleinste Funktionswert vor. Diese Stelle wird relatives (lokales) Minimum genannt. Der zugehörige Punkt $T(x_T/f(x_T))$ wird als Tiefpunkt bezeichnet.

Das Vorzeichen der Steigung der Funktion

Aus der ersten Ableitung, die die Steigung der Tangente in jedem Punkt der Funktion angibt, kann man erkennen:
Im Intervall $]-\infty; x_H]$ ist das Vorzeichen der Tangentensteigung positiv. Es gilt $f'(x) > 0$.
Für $[x_H; x_T]$ gilt: Die Tangentensteigung ist negativ: $f'(x) < 0$.
Für $[x_T; \infty[$ gilt: Die Tangentensteigung ist positiv: $f'(x) > 0$.

In den relativen Extremstellen selbst ist der Anstieg der Tangente gleich Null, die Tangente verläuft parallel zur x-Achse.

Krümmungsverhalten der Funktion

Der Graph der Funktion ist im Intervall $]-\infty; x_W]$ rechtsgekrümmt. Wenn man sich den Funktionsgraphen als Straße vorstellt, dann muss ein Autofahrer in diesem Bereich das Lenkrad nach rechts einschlagen. Die Tangentensteigungen des Funktionsgraphen werden mit wachsendem x-Wert immer kleiner, die 1. Ableitungsfunktion ist streng monoton fallend. In diesem Bereich liegt das relative Maximum der Funktion.
Im Intervall $[x_W; \infty[$ ist die Funktion linksgekrümmt. Die Tangentensteigungen des Funktionsgraphen werden mit wachsendem x-Wert immer größer, die 1. Ableitungsfunktion ist streng monoton steigend. In diesem Bereich liegt das relative Minimum der Funktion.
Jene Stelle, an der der Funktionsgraph sein Krümmungsverhalten ändert, wird als Wendestelle x_W, der zugehörige Punkt W als Wendepunkt bezeichnet.

Die 2. Ableitungsfunktion hat an der Stelle x_W eine Nullstelle, die Funktionswerte ändern dort ihr Vorzeichen (von negativ zu positiv).

$\forall x \in]-\infty; x_w]$	$: f''(x_w) < 0$	f(x) rechtsgekrümmt
in x_W	$: f''(x_w) = 0$	in x_W Vorzeichenwechsel
$\forall x \in [x_w; \infty[$	$: f''(x_w) > 0$	f(x) linksgekrümmt

Zusammenfassung:

Relative Extrema
Gilt an der Stelle x_H der Funktion f(x)
$f'(x_H) = 0$ und $f''(x_H) < 0$, so liegt ein relatives Maximum vor.
Gilt an der Stelle x_T der Funktion f(x)
$f'(x_T) = 0$ und $f''(x_T) > 0$, so liegt ein relatives Minimum vor.
Die zugehörigen Punkte der Funktion werden H (Hochpunkt) bzw. T (Tiefpunkt) bezeichnet.

Wendepunkt
Gilt an der Stelle x_W der Funktion f(x)
$f''(x_W) = 0$ und liegt an dieser Stelle ein Vorzeichenwechsel vor, so ist x_W eine Wendestelle.
Der zugehörige Punkt der Funktion heißt Wendepunkt W.

Anmerkung:
Für den Nachweis des Wendepunkts kann man statt des Vorzeichenwechsels in $f''(x)$ auch die 3. Ableitung $f'''(x_W)$ verwenden.
Betrachte z. B. Polynomfunktionen. Diese müssen einen Grad ≥ 3 haben, damit es einen Wendepunkt (bei höherem Grad auch mehrere Wendepunkte) gibt.

$f(x) = a_3 \cdot x^3 + a_2 \cdot x^2 + a_1 \cdot x + a_0$ Polynomfunktion 3. Grades, wenn $a_3 \neq 0$ ist.

$f'(x) = 3a_3 \cdot x^2 + 2a_2 \cdot x + a_1$

$f''(x) = 6a_3 \cdot x + 2a_2$

$f'''(x) = 6a_3$

Es muss $f'''(x) \neq 0$ sein, da laut Voraussetzung $a_3 \neq 0$ ist.
Aus $f''(x)$ lässt sich die Wendestelle x_W errechnen, wobei statt des Nachweises für den Vorzeichenwechsel von $f''(x)$ in x_W auch die Bedingung $f'''(x) \neq 0$ herangezogen werden kann.

> Gilt an der Stelle x_W der Funktion
> $f''(x_W) = 0$ und $f'''(x_W) \neq 0$, so ist x_W eine Wendestelle.

Anmerkung:
Ist x_W eine Wendestelle einer Funktion $f(x)$ und gilt $f'(x_W) = 0$, so heißt der zugehörige Punkt W Sattelpunkt oder Terrassenpunkt. In diesem Punkt gibt es eine waagrechte Tangente.

Höhere Ableitungen und ihre Bedeutung

1 Die Funktion $s(t) = \frac{t^4}{2400} - \frac{t^3}{24} + \frac{25t^2}{16}$ beschreibt den Weg in m, den ein Fahrzeug in Abhängigkeit von der Zeit zurücklegt.

a) Welche Wegstrecke legt das Fahrzeug in 20 Sekunden zurück?

b) Mit welcher Geschwindigkeit ist das Fahrzeug nach 10 Sekunden unterwegs? Gib die Geschwindigkeit in m/s bzw. km/h an!

c) Wann erreicht das Fahrzeug die Höchstgeschwindigkeit? Wie hoch ist diese Geschwindigkeit?

---

2 Gib die erste, zweite und dritte Ableitung der Funktion an!

a) $y = x^4 + x^2 - 3$ **b)** $y = 3x^5 - 3x^2$ **c)** $y = x^3 - 8x^2 + 4x + 12$

---

3 Bilde die 1. und 2. Ableitungsfunktion!

a) $y = (3x - 1)^5$ **b)** $y = \sqrt{x - 1}$ **c)** $y = (5x + 3)^4$

---

4 Gib die erste, zweite und dritte Ableitung der Funktion an!

a) $y = \frac{x+1}{x-1}$ **b)** $y = \frac{x^2+1}{x^3}$ **c)** $y = \frac{1}{x}$

---

5 Gib die erste, zweite und dritte Ableitung der Funktion an!

a) $y = \cos x$ **b)** $y = \tan x$ **c)** $y = \cos 2x$

---

6 Bilde die 1. und 2. Ableitungsfunktion!

a) $y = x \cdot \sin x$ **b)** $y = \frac{1}{\sin x}$ **c)** $y = \frac{1}{\cos x}$

---

7 Bilde alle von Null verschiedenen Ableitungen der Funktionen!

a) $y = x^4 + 3x^3 - 2x + 5$ **b)** $y = \frac{1}{2}x^3 + \frac{3}{4}x + \frac{2}{5}$

---

8 Bilde die 1. und 2. und 3. Ableitungsfunktion der Funktion $y = \frac{1}{16} \cdot (-3x^3 + 9x^2 + 27x - 49)$! Zeichne die Funktion und die Ableitungsfunktionen in einem Koordinatensystem in einer Zeichnung ein!

---

9 Gegeben ist die Funktion $y = 0{,}25x^3 + 0{,}75x^2 - 2$.
Bilde die 1. und 2. und 3. Ableitungsfunktion! Zeichne die Funktion und die Ableitungsfunktionen in einem Koordinatensystem in einer Zeichnung ein!

Einige Anwendungen der Differentialrechnung

Kurvendiskussionen

Um über eine Funktion und den Verlauf ihres Funktionsgraphen entsprechende Aussagen machen zu können, muss man besondere Merkmale und Eigenschaften untersuchen. Gehe dabei nach folgenden Punkten vor und gib an:

1. Umfassendste Definitionsmenge Stetigkeit, Polstellen (senkrechte Asymptoten)
2. Nullstellen
3. Relative Extremstellen
4. Wendepunkte und Wendetangenten
5. Monotonieverhalten
6. Krümmungsverhalten
7. Verhalten im Unendlichen
8. Graph
9. Symmetrie
10. Periodizität

Da man zur Erfüllung einiger Punkte die ersten 3 Ableitungen der Funktion benötigt, werden diese zuerst berechnet.

Polynomfunktion

Diskutiere die Funktion f: $y = \frac{1}{4} \cdot (x^3 - 3x^2 - 13x + 15)$ und zeichne den Graphen der Funktion im Intervall [–4; 6]. Verwende zur Orientierung das 10-Punkte-Programm.

$$f(x) = \frac{1}{4} \cdot (x^3 - 3x^2 - 13x + 15)$$
$$f'(x) = \frac{1}{4} \cdot (3x^2 - 6x - 13)$$
$$f''(x) = \frac{1}{4} \cdot (6x - 6)$$
$$f'''(x) = \frac{1}{4} \cdot 6 = \frac{3}{2}$$

1. Definitionsmenge
Die Funktion ist in ganz $\mathbb{R}$ definiert und stetig.
Anmerkung: Das gilt für jede Polynomfunktion!

2. Nullstellen $\quad f(x) = 0$

$$\frac{1}{4} \cdot (x^3 - 3x^2 - 13x + 15) = 0 \qquad | \cdot 4$$
$$x^3 - 3x^2 - 13x + 15 = 0$$

Horner-Schema

	a_3	a_2	a_1	a_0
	1	–3	–13	15
x = 1	1	–2	–15	0

x = 1 ist Lösung der Gleichung → Nullstelle

$$r(x) = x^2 - 2x - 15$$
$$x^2 - 2x - 15 = 0$$
$$x_{2,3} = 1 \pm \sqrt{1 + 15} = 1 \pm \sqrt{16} = 1 \pm 4$$
$$x_2 = -3 \quad x_3 = 5$$

$N_1(-3/0)$, $N_2(1/0)$, $N_3(5/0)$

3. Relative Extremstellen $f'(x) = 0$

$\frac{1}{4} \cdot (3x^2 - 6x - 13) = 0 \quad |\cdot 4$

$3x^2 - 6x - 13 = 0$

$x_{1,2} = \frac{6 \pm \sqrt{36 - 4 \cdot 3 \cdot (-13)}}{6}$ große Lösungsformel

$x_{1,2} = \frac{6 \pm \sqrt{192}}{6} = \frac{6 \pm 13{,}856..}{6} = \frac{6 \pm 13{,}86}{6}$

$x_1 = -1{,}31 \quad x_2 = 3{,}31$

Nachweis für die Extremstellen:

$f''(-1{,}31) = \frac{1}{4} \cdot [6 \cdot (-1{,}31) - 6] = -3{,}465 < 0$ → relatives Maximum

$f(-1{,}31) = \frac{1}{4} \cdot [(-1{,}31)^3 - 3 \cdot (-1{,}31)^2 - 13 \cdot (-1{,}31) + 15] = 6{,}158.. = 6{,}16$ H(–1,31/6,16)

$f''(3{,}31) = \frac{1}{4} \cdot (6 \cdot 3{,}31 - 6) = 3{,}465 > 0$ → relatives Minimum

$f(3{,}31) = \frac{1}{4} \cdot [(3{,}31)^3 - 3 \cdot (3{,}31)^2 - 13 \cdot (3{,}31) + 15] = -6{,}158.. = -6{,}16$ T(3,31/–6,16)

4. Wendepunkt, Wendetangente $f''(x) = 0$

$\frac{1}{4} \cdot (6x - 6) = 0 \quad |\cdot 4$

$6x - 6 = 0$

$x = 1$

Nachweis: $f'''(1) = \frac{3}{2} \neq 0$ Wendestelle bei $x = 1$

$f(1) = 0$ (siehe Nullstelle) W(1/0)

Wendetangente: t_W: $y = kx + d$

für k_W gilt: $k_W = f'(x_W)$

$f'(1) = \frac{1}{4} \cdot (3 \cdot 1 - 6 \cdot 1 - 13) = -4$

$W(1/0) \in t_W$: $0 = -4 \cdot 1 + d$

$d = 4$ t_W: $y = -4x + 4$

5. Monotonieverhalten

Wir wissen, dass sich das Monotonieverhalten an den relativen Extremstellen ändert. Durch die beiden relativen Extremstellen wird der Definitionsbereich (hier ℝ) in Intervalle zerlegt. Fasse in einer Tabelle zusammen:

	$-\infty < x < -1{,}31$	$-1{,}31$	$-1{,}31 < x < 3{,}31$	$3{,}31$	$3{,}31 < x < \infty$
f′(x)	> 0	0	< 0	0	> 0
f(x)	↗ streng monoton steigend	H	↘ streng monoton fallend	T	↗ streng monoton steigend

An den relativen Extremstellen ist $f'(x) = 0$. Die Funktion f(x) besitzt dort einen Hochpunkt bzw. einen Tiefpunkt.

Wähle einen beliebigen x-Wert aus dem 1. Intervall (z. B. $x = -2$) und setze ihn in f′(x) ein.

$f'(-2) = \frac{11}{4} > 0$

Wähle einen beliebigen x-Wert aus dem 2. Intervall (z. B. $x = 0$) und setze ihn in f′(x) ein.

$f'(0) = -\frac{13}{4} < 0$

Wähle einen beliebigen x-Wert aus dem 3. Intervall (z. B. $x = 4$) und setze ihn in f′(x) ein.

$f'(4) = \frac{11}{4} > 0$

6. Krümmungsverhalten

Wir wissen in W ändert sich das Krümmungsverhalten. Fasse die verschiedenen Intervalle in einer Tabelle zusammen:

	$-\infty < x < 1$	1	$1 < x < \infty$
$f''(x)$	< 0	0	> 0
$f(x)$	↷ rechtsgekrümmt	W	↶ linksgekrümmt

An der Stelle $x_W = 1$ gilt $f''(1) = 0$

Wähle einen beliebigen x-Wert aus dem 1. Intervall (z. B. x = 0): $f''(0) = -\frac{6}{4} < 0$

Wähle einen beliebigen x-Wert aus dem 2. Intervall (z. B. x = 2): $f''(2) = \frac{6}{4} > 0$

7. Verhalten im Unendlichen

$$f(x) = \lim_{x\to\infty} \frac{1}{4} \cdot (x^3 - 3x^2 - 13x + 15) = \lim_{x\to\infty} \left[\frac{1}{4} \cdot x^3 \cdot \underbrace{\left(1 - \frac{3}{x} - \frac{13}{x^2} + \frac{15}{x^3}\right)}_{\text{strebt für große x nach 1}}\right] \to \infty$$

$$f(x) = \lim_{x\to-\infty} \frac{1}{4} \cdot (x^3 - 3x^2 - 13x + 15) = \lim_{x\to-\infty} \left[\frac{1}{4} \cdot x^3 \cdot \underbrace{\left(1 - \frac{3}{x} - \frac{13}{x^2} + \frac{15}{x^3}\right)}_{\text{strebt für große x nach 1}}\right] \to \infty$$

8. Graph

x	f(x)	
–4	–11,25	
–3	0	N_1
–2	5,25	
–1,31	6,16	H
–1	6	
0	3,75	
1	0	N_2, W
2	–3,75	
3	–6	
3,31	–6,16	T
4	–5,25	
5	0	N_3
6	11,25	

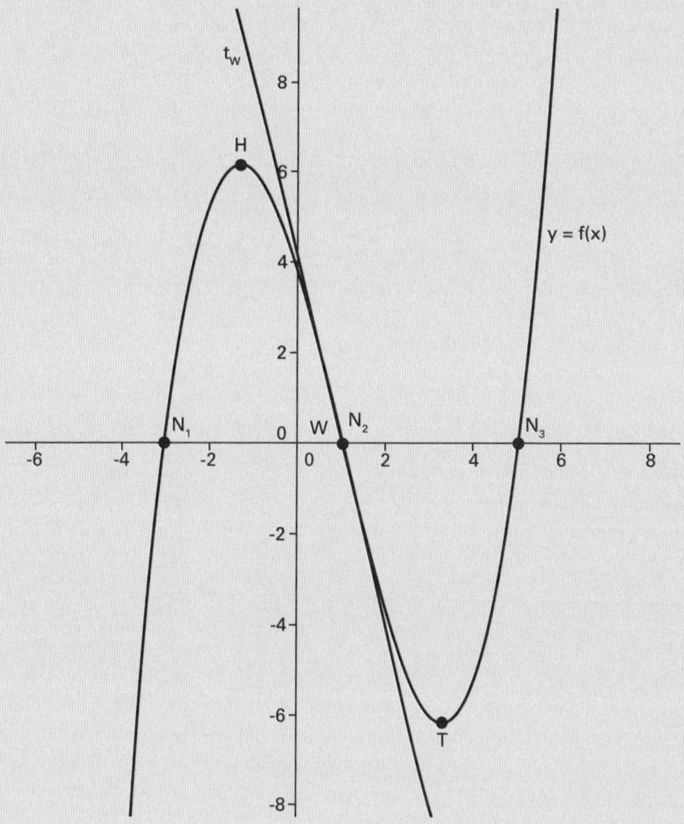

9. Symmetrie

Es gibt zwei Arten der Symmetrie:

a) Axialsymmetrie: Der Funktionsgraph liegt symmetrisch zu einer Parallelen der y-Achse (oder der y-Achse selbst).

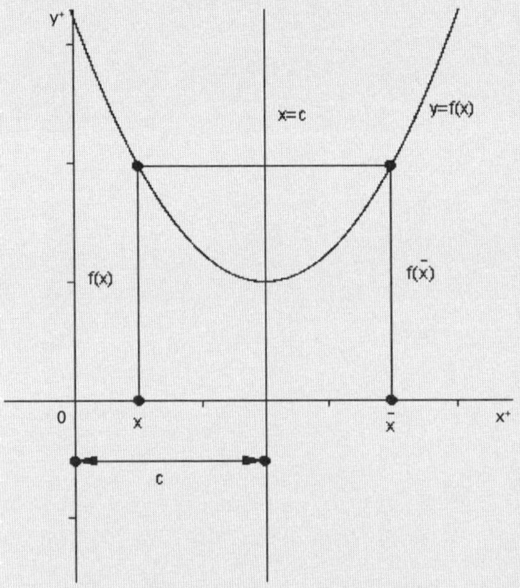

$f(x) = f(\bar{x}) \qquad \text{mit } c = \frac{x+\bar{x}}{2} \qquad |\cdot 2$

$2c = x + \bar{x}$

$\bar{x} = 2c - x$

$f(x\ ) = f(2c - x)$

Man bestimmt also den Funktionswert an der Stelle $\bar{x} = 2c - x$ und vergleicht mit f(x).

b) Punktsymmetrie

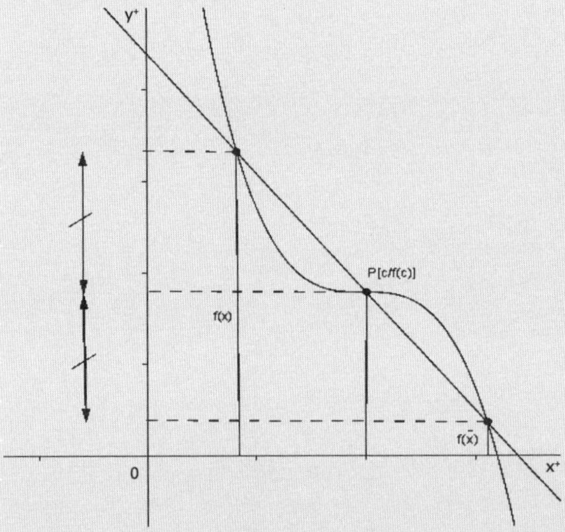

$f\,(c) = \frac{f\,(x) + f\,(\bar{x})}{2} \qquad |\cdot 2$

$2 \cdot f\,(c) = f\,(x) + f\,(\bar{x})$

$f(x) = 2 \cdot f\,(c) - f\,(\bar{x}) \qquad \text{mit } c = \frac{x+\bar{x}}{2} \qquad |\cdot 2$

$2c = x + \bar{x}$

$\bar{x} = 2c - x$

Aus der Wertetabelle der Funktion $y = \frac{1}{4} \cdot (x^3 - 3x^2 - 13x + 15)$ bzw. aus dem Graphen kann man vermuten, dass die Funktion punktsymmetrisch zum Wendepunkt W(1/0) liegt.

Beweis: $f(x) = 2 \cdot f\,(c) - f\,(\bar{x})$ Es gilt: $c = 1,\ f(c) = 0$

$\bar{x} = 2c - x$

$\bar{x} = 2 \cdot 1 - x$

$\bar{x} = 2 - x$

$f(x) = 2 \cdot 0 - f\,(2 - x)$ einsetzen

$f(x) = -f(2 - x)$

$-f(2 - x) = -\frac{1}{4} \cdot [(2-x)^3 - 3 \cdot (2-x)^2 - 13 \cdot (2-x) + 15]$ Berechnung von f an der Stelle 2 – x

$= -\frac{1}{4} \cdot (8 - 12x + 6x^2 - x^3 - 12 + 12x - 3x^2 - 26 + 13x + 15) =$

$= -\frac{1}{4} \cdot (-x^3 + 3x^2 + 13x - 15) = \frac{1}{4} \cdot (x^3 - 3x^2 - 13x + 15)$ was zu zeigen war

10. Periodizität

Man erkennt, dass die Funktion nicht periodisch ist.

Umgekehrte Kurvendiskussion

Der Graph einer Polynomfunktion 3. Grades hat an der Stelle $T(3/y_T)$ einen Tiefpunkt und in $W(2/y_W)$ einen Wendepunkt mit der Wendetangente $3x + y = 4$. Berechne den Funktionsterm und gib die Koordinaten des Hochpunkts an.

Bei Aufgaben dieser Art spricht man von umgekehrten Kurvendiskussionen oder auch von Modellbildungsaufgaben. Man geht dabei so vor:
Stelle die allgemeine Gleichung der Polynomfunktion 3. Grades auf.
Mit Hilfe der Angabe (vorgegebenen Bedingungen) werden die unbekannten Koeffizienten berechnet.

$f(x) = a \cdot x^3 + b \cdot x^2 + c \cdot x + d$
$f'(x) = 3a \cdot x^2 + 2b \cdot x + c$
$f''(x) = 6a \cdot x + 2b$

Die Funktionsgleichung von f(x) enthält 4 unbekannte Koeffizienten. Um diese zu finden, ist ein Gleichungssystem mit 4 Gleichungen notwendig.

	Angabe	Bedingung	Gleichung
I	relatives Minimum an der Stelle $x_T = 3$	$f'(x_T) = 0$ $f'(3) = 0$	$3a \cdot 3^2 + 2b \cdot 3 + c = 0$ $27a + 6b + c = 0$
II	Wendepunkt $W(2/y_W)$	$f''(x_W) = 0$ $f''(2) = 0$	$6a \cdot 2 + 2b = 0$ $12a + 2b = 0$ $6a + b = 0$
III	Wendetangente in $W(2/y_W)$ t_W: $3x + y = 4$ $y = -3x + 4$ $k_t = 3$	Anstieg der Wendetangente $k_t = f'(x_W)$ $f'(2) = -3$	$3a \cdot 2^2 + 2b \cdot 2 + c = -3$ $12a + 4b + c = -3$
IV	$W(2/y_W) \in t$ $y_W = -3 \cdot 2 + 4$ $y_W = 2$	$W \in f(x)$ $y_W = f(x_W)$ $f(2) = 2$	$a \cdot 2^3 + b \cdot 2^2 + c \cdot 2 + d = 2$ $8a + 4b + 2c + d = 2$

I $27a + 6b + c = 0$
II $6a + b = 0$
III $12a + 4b + c = -3$
IV $8a + 4b + 2c + d = 2$

aus II: $6 \cdot 1 + b = 0$
$b = -6$

I $27a + 6b + c = 0$
III $12a + 4b + c = -3$ (–)
$15a + 2b = 3$
II $6a + b = 0$ $\quad |\cdot(-2)$ (+)
$3a = 3$
$a = 1$

aus III: $12 \cdot 1 + 4 \cdot (-6) + c = -3$
$c = 9$
aus IV: $8 \cdot 1 + 4 \cdot (-6) + 2 \cdot 9 + d = 2$
$d = 0$

Funktionsgleichung: $f(x) = x^3 - 6x^2 + 9x$
$f'(x) = 3x^2 - 12x + 9$
$f''(x) = 6x - 12$

Berechnung des Hochpunkts: $f'(x) = 0$
$3x^2 - 12x + 9 = 0 \quad |:3$
$x^2 - 4x + 3 = 0$
$x_{1,2} = 2 \pm \sqrt{4-3} = 2 \pm 1$
$x_1 = 1,\ x_2 = 3$ $\quad (x_2 = 3$ Tiefpunkt$)$
$f(1) = 1^3 - 6 \cdot 1^2 + 9 \cdot 1 = 4$

Kontrolle, ob es sich tatsächlich um einen Hochpunkt handelt (2. Ableitung):
$f''(1) = 6 \cdot 1 - 12 = -6 < 0$ → relatives Maximum $\quad H(1/4)$

Rationale Funktionen

Diskutiere die Funktion $y = \frac{x}{4-x^2}$ und zeichne den Graphen im Intervall [–4; 4].

$f(x) = \frac{x}{4-x^2}$

$f'(x) = \frac{1 \cdot (4-x^2) - x \cdot (-2x)}{(4-x^2)^2} = \frac{x^2+4}{(4-x^2)^2}$ Quotientenregel

$f''(x) = \frac{2x \cdot (4-x^2)^2 - (x^2+4) \cdot 2 \cdot (4-x^2) \cdot (-2x)}{(4-x^2)^4} =$ Quotientenregel, Kettenregel bzgl. $(4-x^2)^2$ kürzen durch $(4-x^2)$

$= \frac{2x \cdot (4-x^2) + 4x \cdot (x^2+4)}{(4-x^2)^3} = \frac{2x^3+24x}{(4-x^2)^3}$

$f'''(x) = \frac{(6x^2+24) \cdot (4-x^2)^3 - (2x^3+24x) \cdot 3 \cdot (4-x^2)^2 \cdot (-2x)}{(4-x^2)^6} =$ kürzen durch $(4-x^2)^2$

$= \frac{(6x^2+24) \cdot (4-x^2) + 6x \cdot (2x^3+24x)}{(4-x^2)^4} = \frac{6x^4+144x^2+96}{(4-x^2)^4}$

1. Definitionsmenge

$f(x) = \frac{x}{4-x^2}$	Die Funktion ist für die Nullstellen des Nenners nicht definiert.
$4 - x^2 = 0$	zerlegen
$(2-x) \cdot (2+x) = 0$	Produkt-Null-Satz
$(2-x=0) \vee (2+x=0)$	$D = \mathbb{R} \setminus \{-2; 2\}$

An den Stellen $x = -2$ und $x = 2$ liegen Polstellen vor. In diesen existieren senkrechte Asymptoten mit den Gleichungen $x = -2$ bzw. $x = 2$.

2. Nullstellen $f(x) = 0$

$\frac{x}{4-x^2} = 0$ $|\cdot (4-x^2)$

$x = 0$ N(0/0)

3. relative Extremstellen $f'(x) = 0$

$\frac{x^2+4}{(4-x^2)^2} = 0$

$x^2 + 4 = 0$ Die Gleichung hat in $\mathbb{R}$ keine Lösung → die Funktion besitzt keine relativen Extremstellen.

4. Wendepunkt $f''(x) = 0$

$\frac{2x^3+24x}{(4-x^2)^3} = 0$

$2x^3 + 24x = 0$

$2x \cdot (x^2+12) = 0$ Produkt-Null-Satz

$(2x = 0) \vee \underbrace{(x^2+12=0)}_{\text{in } \mathbb{R} \text{ nicht lösbar}}$

$x = 0$

$f'''(0) = \frac{96}{4^4} \neq 0 \rightarrow x = 0$ ist Wendestelle

$f(0) = 0$ W(0/0)

Wendetangente $k_t = f'(x_W)$

$k_t = f'(0)$ $k_t = \frac{4}{4^2} = \frac{1}{4}$

Da die Wendetangente durch den Ursprung (0/0) geht, gilt für die $t_W: y = kx$

$t_W: y = \frac{1}{4}x$

5. Monotonieverhalten

Beachte: Die Polstellen können das Monotonieverhalten bzw. das Krümmungsverhalten einer Funktion unterbrechen. In der Tabelle müssen daher die Polstellen aufgenommen werden.

	$-\infty < x < -2$	-2	$-2 < x < 2$	2	$2 < x < \infty$
$f'(x)$	> 0	–	> 0	–	> 0
$f(x)$	↗ streng monoton steigend	Pol	↗ streng monoton steigend	Pol	↗ streng monoton steigend

6. Krümmungsverhalten

	$-\infty < x < -2$	-2	$-2 < x < 0$	0	$0 < x < 2$	2	$2 < x < \infty$
$f''(x)$	> 0	–	< 0	0	> 0	–	< 0
$f(x)$	↶ links-gekrümmt	Pol	↷ rechts-gekrümmt	W	↶ links-gekrümmt	Pol	↷ rechts-gekrümmt

7. Verhalten im Unendlichen

$\lim\limits_{|x|\to\infty} f(x) = \lim\limits_{|x|\to\infty} \frac{x}{4-x^2} = 0$

Wird x sehr klein bzw. sehr groß, so strebt f(x) nach 0 → y = 0

Die x-Achse (y = 0) ist Asymptote der Funktion.

8. Graph

x	f(x)	
–4	0,33	
–3	0,6	
–2	–	
–1	–0,33	
0	0	W
1	0,33	
2	–	
3	–0,6	
4	–0,33	

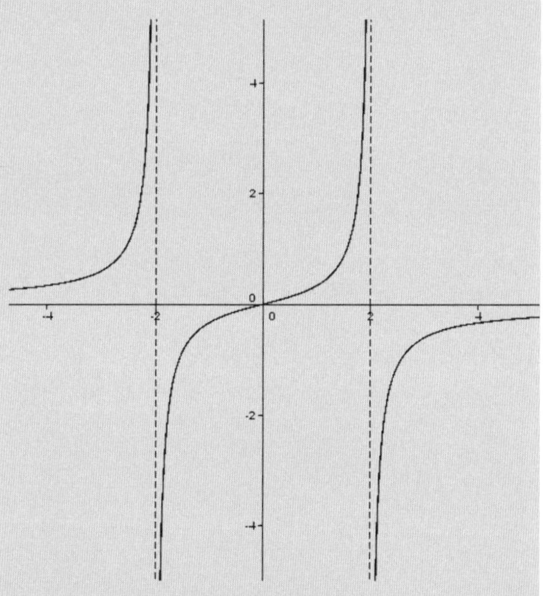

9. Symmetrie

Aus der Wertetabelle bzw. dem Graphen kann man vermuten, dass die Funktion punktsymmetrisch zum Ursprung (= Wendepunkt) ist.

$f(x) = 2 \cdot f(c) - f(\bar{x})$ Es gilt: $c = 0$, $f(c) = 0$ $\bar{x} = 2c - x$

$\bar{x} = -x$

$f(x) = -f(-x)$ Einsetzen für $-x$

$-f(-x) = -\left(\frac{-x}{4-(-x)^2}\right) = -\left(\frac{-x}{4-x^2}\right) = \frac{x}{4-x^2}$ w.z.z.w

10. Periodizität

Man erkennt, dass die Funktion nicht periodisch ist.

Kurvendiskussionen

1 Gegeben ist die Funktion f: $y = -\frac{1}{2} \cdot (x^3 + 3x^2 - 13x - 15)$ und zeichne den Graphen der Funktion im Intervall [–6; 5].
Gehe wie beim 10-Punkte-Programm vor und bestimme: Umfassendste Definitionsmenge, Nullstellen, relative Extremstellen, Wendepunkt(e), Wendetangente(n), Monotonieverhalten, Krümmungsverhalten, Verhalten im Unendlichen, Graph, Symmetrie, Periodizität.

---

2 Diskutiere die Funktion f: $y = \frac{1}{4} \cdot x^3 - 3x - 4$ und zeichne den Graphen der Funktion im Intervall [–3; 3]. Verwende das 10-Punkte-Programm.

---

3 Gegeben ist die Funktion f: $y = 0{,}25x^3 - 0{,}75x^2 - 2{,}25x - 1{,}25$.
Berechne Nullstellen, relative Extremwerte, Wendepunkt und Wendetangente. Gib auch das Verhalten im Unendlichen an.
Zeichne den Graphen der Funktion im Intervall [–4; 6].

---

4 Diskutiere die Funktion f: $y = \frac{1}{10} \cdot (x^4 + 3x^3 - 15x^2 - 19x + 30)$ und zeichne den Graphen der Funktion im Intervall [–5; 4]. Verwende das 10-Punkte-Programm.
Für die Berechnung der relativen Extremstellen verwende das Newton´sche Näherungsverfahren!

---

5 Diskutiere die Funktion f: $y = \frac{1}{10} \cdot (x^4 - 9x^2)$ und zeichne den Graphen der Funktion im Intervall [–4; 4]. Verwende das 10-Punkte-Programm. Achte besonders auf die Symmetrie der Funktion (Nachweis).

---

6 Der Graph einer Polynomfunktion 3. Grades hat die die beiden Extremwerte $E_1(1/-4)$ und $E_2(-1/0)$. Berechne den Funktionsterm und ermittle die Nullstellen. Bestimme den Wendepunkt und die Wendetangente!

---

7 Der Graph einer Polynomfunktion 4. Grades hat im Ursprung einen Wendepunkt, wobei dort die Wendetangente einen Anstieg von $k = 1$ hat. An der Stelle (3/–1) liegt eine Extremum vor. Berechne den Funktionsterm! Gib die Koordinaten des zweiten Wendepunkts an! Skizziere den Graphen der Funktion!

---

8 Der Graph einer Polynomfunktion 3. Grades schneidet die x-Achse an der Stelle 5 und hat in $W(2/y_W)$ einen Wendepunkt mit der Wendetangente $2{,}25x - y = 4{,}5$. Berechne den Funktionsterm! Ermittle alle Nullstellen und gib die Koordinaten von Hoch- und Tiefpunkt an. Bestimme das Monotonie- und Krümmungsverhalten der Funktion!

9 Der Graph einer zur y-Achse symmetrischen Funktion 4. Grades $y = ax^4 + bx^2 + c$ verläuft durch den Punkt (0/0) und hat in E(3/4) einen Extremwert. Gib die Funktionsgleichung an! Berechne Nullstellen und die anderen Extremwerte.
Zeichne den Funktionsgraphen im Intervall [–5; 5]!

10 Gegeben ist die Funktion $y = \frac{x^3}{x^2 - 4}$.
Gehe wie beim 10-Punkte-Programm vor und bestimme: Umfassendste Definitionsmenge (Polstellen, senkrechte Asymptoten), Nullstellen, relative Extremstellen, Wendepunkt(e), Wendetangente(n), Monotonieverhalten, Krümmungsverhalten, Verhalten im Unendlichen, Graph, Symmetrie, Periodizität.
Zeichne den Graphen der Funktion im Intervall [–7; 7].

11 Gegeben ist die Funktion $y = \frac{x}{x^2 - 9}$. Bestimme die Definitionsmenge und die Polstellen. Berechne die Nullstellen und den Wendepunkt. Gib das Verhalten im Unendlichen an! Welche Art der Symmetrie liegt vor? Begründe!
Fertige eine Skizze des Funktionsgraphen im Intervall [–6; 6] an!

12 Gegeben ist die Funktion $y = \frac{2x^2}{25 - x^2}$. Bestimme die Definitionsmenge und die Polstellen (senkrechte Asymptoten). Berechne die Nullstellen und die relativen Extremwerte. Gib das Verhalten im Unendlichen an! Welche Art der Symmetrie liegt vor? Begründe!
Fertige eine Skizze des Funktionsgraphen im Intervall [–10; 10] an!

13 Gegeben ist die Funktion $y = \frac{x^2 - 4}{2x + 8}$. Bestimme die Definitionsmenge und die Polstellen (senkrechte Asymptoten). Berechne die Nullstellen und die relativen Extremwerte. Gib das Verhalten im Unendlichen an!
Fertige eine Skizze des Funktionsgraphen im Intervall [–10; 8] an!

Winkelfunktionen

Diskutiere die Funktion $y = 2 \cdot \sin(2x)$ im Intervall $[-\pi; 2\pi]$

Beachte: Um eine Kurvendiskussion einer Winkelfunktion durchzuführen, müssen die Winkel x im Bogenmaß angegeben werden.
(vergleiche Aufsteigen in Mathematik, 6. Klasse, Kapitel Reelle Funktionen)

$$f(x) = 2 \cdot \sin(2x)$$
$$f'(x) = 2 \cdot \cos(2x) \cdot 2 = 4 \cdot \cos(2x)$$
$$f''(x) = 4 \cdot [-\sin(2x)] \cdot 2 = -8 \cdot \sin(2x)$$
$$f'''(x) = -8 \cdot \cos(2x) \cdot 2 = -16 \cdot \cos(2x)$$

1. Definitionsmenge
Die Sinusfunktion ist $\forall x \in \mathbb{R}$ definiert $\rightarrow D = \mathbb{R}$

2. Nullstellen $f(x) = 0$
$$2 \cdot \sin(2x) = 0$$
$$\sin(2x) = 0$$
Die Sinusfunktion ist bei allen ganzzahligen Vielfachen von π Null.
$$2x = k \cdot \pi \quad \text{mit } k \in \mathbb{Z}$$
$$x = k \cdot \tfrac{\pi}{2}$$
In Intervall $[-\pi; 2\pi]$ gilt:

$N_1(-\pi/0)$, $N_2(\tfrac{-\pi}{2}/0)$, $N_3(0/0)$, $N_4(\tfrac{\pi}{2}/0)$, $N_5(\pi/0)$, $N_6(\tfrac{3\pi}{2}/0)$, $N_7(2\pi/0)$.

3. Relative Extremstellen $f'(x) = 0$
$$4 \cdot \cos(2x) = 0$$
$$\cos(2x) = 0$$
Die Cosinusfunktion ist bei allen ungeraden Vielfachen von $\tfrac{\pi}{2}$ Null.
$$2x = (2k + 1) \cdot \tfrac{\pi}{2}$$
$$x = (2k + 1) \cdot \tfrac{\pi}{4}$$
Es liegen also bei allen ungeraden Vielfachen von $\tfrac{\pi}{4}$ relative Extremstellen vor.

Erste relative Extremstelle im Intervall $[-\pi; 2\pi]$
$$x = -3 \cdot \tfrac{\pi}{4} = -\tfrac{3\pi}{4}$$
$f''\left(\tfrac{-3\pi}{4}\right) = -8 \cdot \left[\sin 2 \cdot \left(-\tfrac{3\pi}{4}\right)\right] = -8 < 0 \rightarrow$ relatives Maximum
$f\left(-\tfrac{3\pi}{4}\right) = 2 \cdot \sin\left[2 \cdot \left(-\tfrac{3\pi}{4}\right)\right] = 2$ $\quad H_1\left(-\tfrac{3\pi}{4}/2\right)$

Zweite Extremstelle:
$$x = -\tfrac{\pi}{4}$$
$f''\left(-\tfrac{\pi}{4}\right) = -8 \cdot \sin\left[2 \cdot \left(-\tfrac{\pi}{4}\right)\right] = 8 > 0 \rightarrow$ relatives Minimum
$f\left(-\tfrac{\pi}{4}\right) = 2 \cdot \sin\left[2 \cdot \left(-\tfrac{\pi}{4}\right)\right] = 2$ $\quad T_1\left(-\tfrac{\pi}{4}/2\right)$

Da die Sinusfunktion eine stetige periodische Funktion ist, müssen sich Hoch- und Tiefpunkte abwechseln. Im Intervall $[-\pi; 2\pi]$ gilt:

$H_1\left(-\tfrac{3\pi}{4}/2\right)$, $T_1\left(-\tfrac{\pi}{4}/-2\right)$, $H_2\left(\tfrac{\pi}{4}/2\right)$, $T_2\left(\tfrac{3\pi}{4}/-2\right)$, $H_3\left(\tfrac{5\pi}{4}/2\right)$, $T_3\left(\tfrac{7\pi}{4}/-2\right)$

4. Wendepunkt, Wendetangente $f''(x) = 0$

$$-8 \cdot \sin(2x) = 0$$
$$\sin(2x) = 0$$

Die Sinusfunktion ist bei allen ganzzahligen Vielfachen von π Null.

$$2x = k \cdot \pi \qquad \text{mit } k \in \mathbb{Z}$$
$$x = k \cdot \tfrac{\pi}{2}$$

Nachweis für die erste Wendestelle im gegebenen Intervall:

$x = -\pi$

$f'''(-\pi) = -16 \cdot \cos[2 \cdot (-\pi)] = -16 \neq 0 \ \rightarrow$ Wendestelle

Die Wendepunkte stimmen bei dieser Funktion mit den Nullstellen überein.

$W_1(-\pi/0)$, $W_2(-\frac{\pi}{2}/0)$, $W_3(0/0)$, $W_4(\frac{\pi}{2}/0)$, $W_5(\pi/0)$, $W_6(\frac{3\pi}{2}/0)$, $W_7(2\pi/0)$

Für die Wendetangenten gilt:

in W_1 k_t: $f'(-\pi) = 4 \cdot \cos[2 \cdot (-\pi)] = 4$

in W_2 k_t: $f'(-\frac{\pi}{2}) = 4 \cdot \cos\left[2 \cdot (-\frac{\pi}{2})\right] = -4$

Die Wendetangenten steigen bzw. fallen mit dem Anstieg $k = 4$ bzw. $k = -4$ und verlaufen durch die entsprechenden Wendepunkte.

5. Monotonieverhalten

Die Funktion ist jeweils zwischen dem relativen Minimum und relativen Maximum streng monoton steigend.

Vom relativen Maximum zum relativen Minimum ist die Funktion streng monoton fallend.

6. Krümmungsverhalten

Wir wissen, in den Wendepunkten ändert sich das Krümmungsverhalten.

$[-\frac{3\pi}{2}; -\pi]$, $[-\frac{\pi}{2}; 0]$, $[\frac{\pi}{2}; \pi]$, $[\frac{3\pi}{2}; 2\pi]$ linksgekrümmt

$[-\pi; -\frac{\pi}{2}]$, $[0; \frac{\pi}{2}]$, $[\pi; \frac{3\pi}{2}]$ rechtsgekrümmt

7. Verhalten im Unendlichen

Es existiert weder $\lim\limits_{x \to \infty} 2 \cdot \sin(2x)$ noch $\lim\limits_{x \to -\infty} 2 \cdot \sin(2x)$.

8. Graph

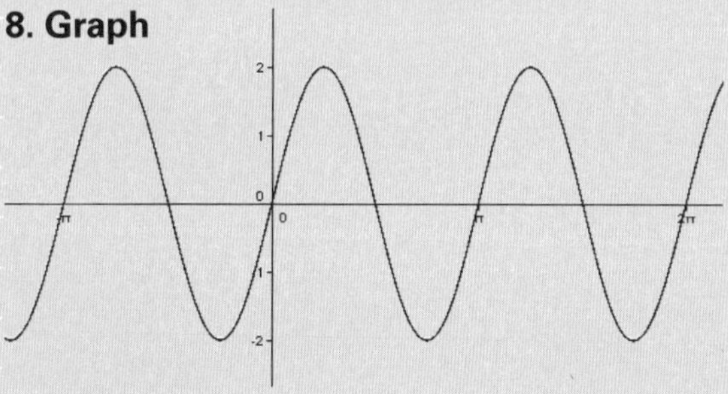

9. Symmetrie

Punktsymmetrisch am Ursprung

$f(x) = 2 \cdot f(c) - f(\bar{x}) \qquad \text{mit } c = 0,\ f(c) = 0$

$$\bar{x} = 2c - x$$
$$\bar{x} = -x$$

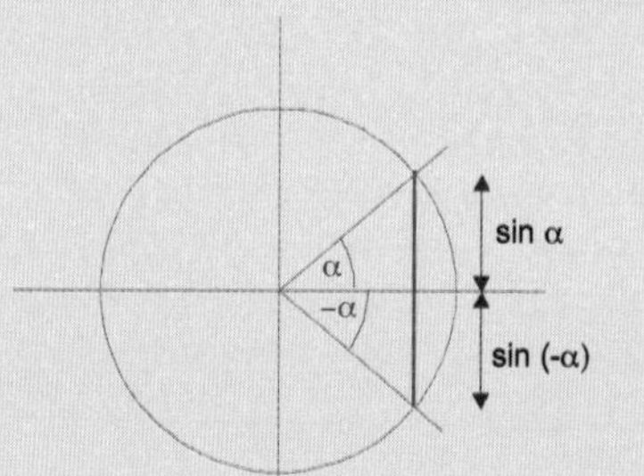

$\sin(-\alpha) = -\sin\alpha$

$$f(x) = -f(-x)$$
$$-f(-x) = -2 \cdot \sin(-2x)$$
$$-f(-x) = -2 \cdot [-\sin(-2x)] =$$
$$= 2 \cdot \sin(-2x) \qquad \text{w.z.z.w}$$

10. Periodizität
Aus dem Graphen kann man erkennen, dass die Funktion periodisch ist. Die Werte wiederholen sich nach allen Vielfachen von π, d. h. die Periodenlänge ist π.

Exponentialfunktionen

Diskutiere die Funktion $y = 5x \cdot e^{-x}$ und zeichne den Graphen im Intervall [–0,5; 6].

$f(x) = 5x \cdot e^{-x}$ Produktregel, Kettenregel

$f'(x) = 5 \cdot [\, 1 \cdot e^{-x} + x \cdot e^{-x} \cdot (-1)\,] = 5\, e^{-x} \cdot (1 - x)$

$f''(x) = 5 \cdot [e^{-x} \cdot (-1) \cdot (1 - x) + e^{-x} \cdot (-1)] = 5\, e^{-x} \cdot (-2 + x)$

$f'''(x) = 5 \cdot [\, e^{-x} \cdot (-1) \cdot (-2 + x) + e^{-x} \cdot 1)] = 5\, e^{-x} \cdot (3 - x)$

1. Definitionsmenge

$D = \mathbb{R}$

2. Nullstellen $f(x) = 0$

$5x \cdot \underbrace{e^{-x}}_{\neq 0} = 0 \rightarrow x = 0$ N(0/0)

3. Relative Extremstellen $f'(x) = 0$

$\underbrace{5\, e^{-x}}_{\neq 0} \cdot (1 - x) = 0$

$1 - x = 0$

$x = 1$

$f''(1) = 5\, e^{-1} \cdot (-2 + 1) = -1{,}8.. < 0$ → relatives Maximum

$f(1) = 5x \cdot e^{-1} = 1{,}839.. = 1{,}84$ H(1/1,84)

4. Wendepunkt, Wendetangente $f''(x) = 0$

$\underbrace{5\, e^{-x}}_{\neq 0} \cdot (-2 + x) = 0$

$-2 + x = 0$

$x = 2$

$f'''(2) = 5\, e^{-2} \cdot (3-2) = \frac{5}{e^2} \neq 0$ → Wendestelle

$f(2) = 5x \cdot e^{-2} = 1{,}353.. = 1{,}35$ W(2/1,35)

5. Monotonieverhalten

	$-\infty < x < 1$	1	$1 < x < \infty$
f′(x)	> 0	0	< 0
f(x)	↗ streng monoton steigend	H	↘ streng monoton fallend

6. Krümmungsverhalten

	$-\infty < x < 2$	2	$2 < x < \infty$
$f''(x)$	< 0	0	> 0
$f(x)$	⌒ rechtsgekrümmt	W	⌒ linksgekrümmt

7. Verhalten im Unendlichen

Durch Einsetzen von großen Werten von x kann man erkennen, dass f(x) nach 0 → y = 0 strebt. Die x-Achse (y = 0) ist Asymptote der Funktion.

$\lim\limits_{x\to\infty} f(x) = \lim\limits_{x\to\infty} 5x \cdot e^{-x} = \lim\limits_{x\to\infty} \frac{5x}{e^x} = 0$

8. Graph

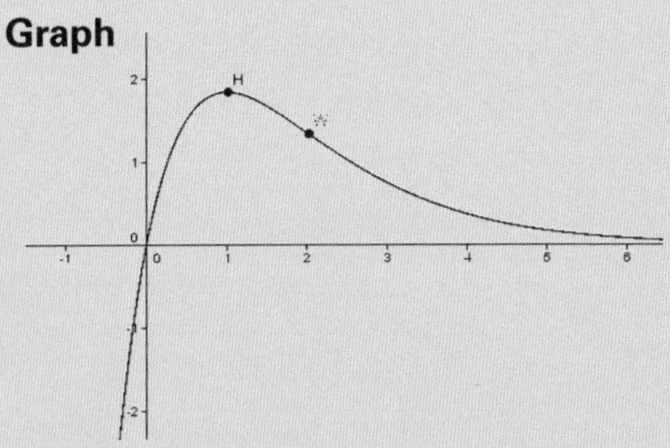

9. Symmetrie

Es liegt keine Symmetrie vor.

10. Periodizität

Die Funktion ist nicht periodisch.

Logarithmische Funktionen

Diskutiere die Funktion $f(x) = \frac{1}{x} \cdot \ln(x^2)$ und zeichne den Graphen im Intervall [–5; 6].

$f(x) = \frac{1}{x} \cdot \ln(x^2)$ Produktregel, Kettenregel

$f'(x) = -\frac{1}{x^2} \cdot \ln(x^2) + \frac{1}{x} \cdot \frac{1}{x^2} \cdot 2x = \frac{1}{x^2} \cdot [2 - \ln(x^2)]$

$f''(x) = -\frac{2}{x^2} \cdot [2 - \ln(x^2)] + \frac{1}{x^2} \cdot \left(-\frac{2}{x}\right) = \frac{2}{x^3} \cdot [\ln(x^2) - 3]$

$f'''(x) = -\frac{6}{x^4} \cdot [\ln(x^2) - 3] + \frac{2}{x^3} \cdot \frac{2}{x} = \frac{2}{x^4} \cdot [11 - 3 \cdot \ln(x^2)]$

1. Definitionsmenge

Der natürliche Logarithmus ln x ist nur für positive Werte von x definiert. Da hier der Numerus x^2 ist, ist ln (x^2) für alle Zahlen aus ℝ definiert. Durch $\frac{1}{x}$ ergibt sich allerdings eine Einschränkung der Definitionsmenge mit $x \neq 0$. → D = ℝ \{0}

An der Stelle x = 0 liegt eine Polstelle mit einer senkrechten Asymptote vor.

2. Nullstelle $f(x) = 0$

$\underbrace{\frac{1}{x}}_{\neq 0} \cdot \ln(x^2) = 0$

$\ln(x^2) = 0$ Die einzige Nullstelle der Logarithmusfunktion liegt bei 1.

$x^2 = 1$

$x = \pm 1$ $N_1(-1/0)$, $N_2(1/0)$

3. Extremstellen $f'(x) = 0$

$$\underbrace{\frac{1}{x^2}}_{\neq 0} \cdot [2 - \ln(x^2)] = 0$$

$$2 - \ln(x^2) = 0$$

$$\ln(x^2) = 2$$ Entlogarithmieren (Umkehrung zum Logarithmieren)

$$x^2 = e^2$$ *Beachte*: $x^2 = e^2 \quad | \ln$

$$\ln(x^2) = \ln e^2 = 2 \cdot \underbrace{\ln e}_{1} = 2$$

$$x = \pm \sqrt{e^2}$$

$$x = \pm e = \pm 2{,}718.. = \pm 2{,}72$$

$f''(e) = \frac{2}{e^3} \cdot [\ln(e^2) - 3] = -\frac{2}{e^3} < 0 \rightarrow$ relatives Maximum

$f(e) = \frac{1}{e} \cdot \ln(e^2) = \frac{2}{e} = 0{,}735.. = 0{,}74$ H(2,72/0,74)

$f''(-e) = \frac{2}{-e^3} \cdot [\ln(-e)^2 - 3] = \frac{2}{e^3} > 0 \rightarrow$ relatives Minimum

$f(-e) = \frac{1}{-e} \cdot \ln[(-e)^2] = \frac{2}{-e} = -0{,}735.. = -0{,}74$ T(–2,72/–0,74)

4. Wendestellen $f''(x) = 0$

$$\underbrace{\frac{2}{x^3}}_{\neq 0} \cdot [\ln(x^2) - 3] = 0$$

$$\ln(x^2) - 3 = 0$$

$$\ln(x^2) = 3$$ entlogarithmieren

$$x^2 = e^3$$

$$x = \sqrt{e^3} = e \cdot \sqrt{e} = \pm 4{,}481.. = \pm 4{,}48$$

Da in der dritten Ableitung nur gerade Potenzen von x vorhanden sind, braucht man das Vorzeichen des x-Werts nicht berücksichtigen.

$f'''(4{,}48) = \frac{2}{4{,}48^4} \cdot [11 - 3 \cdot \ln(4{,}48^2)] = 0{,}19 .. \neq 0 \rightarrow$ Wendestellen

$f(4{,}48) = \frac{1}{4{,}48} \cdot \ln(4{,}48^2) = 0{,}669.. = 0{,}67$

$f(-4{,}48) = \frac{1}{-4{,}48} \cdot \ln[(-4{,}48)^2] = -0{,}669.. = -0{,}67$ $W_1(-4{,}48/-0{,}67)$, $W_2(4{,}48/0{,}67)$

5. Monotonieverhalten

	$-\infty < x < -e$	$-e$	$-e < x < 0$	0	$0 < x < e$	e	$e < x < \infty$
f′(x)	< 0	0	> 0	–	< 0	0	> 0
f(x)	↘ streng monoton fallend	T	↗ streng monoton steigend	Pol	↗ streng monoton fallend	H	↘ streng monoton steigend

6. Krümmungsverhalten

	$-\infty < x < -4{,}48$	$-4{,}48$	$-4{,}48 < x < 0$	0	$0 < x < 4{,}48$	$4{,}48$	$4{,}48 < x < \infty$
$f''(x)$	< 0	0	> 0	–	< 0	0	> 0
$f(x)$	↷ rechts-gekrümmt	W_1	↶ links-gekrümmt	Pol	↷ rechts-gekrümmt	W_2	↶ links-gekrümmt

7. Verhalten im Unendlichen

Berechne den Wert für sehr kleine bzw. sehr große Werte von x.

Man erkennt: $\lim\limits_{|x|\to\infty} f(x) = 0$ Die x-Achse ist Asymptote.

8. Graph

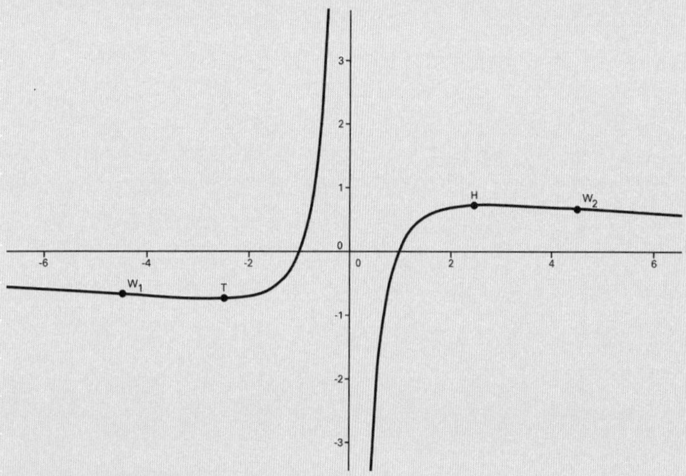

9. Symmetrie

Aus dem Graphen kann man vermuten, dass die Funktion punktsymmetrisch zum Ursprung ist.

$f(x) = 2 \cdot f(c) - f(\bar{x})$ Es gilt: $c = 0$, $f(c) = 0$ $\bar{x} = 2c - x$

$\bar{x} = -x$

$f(x) = -f(-x)$ Einsetzen für $-x$

$-f(-x) = -\frac{1}{-x} \cdot \ln[(-x)^2] \;\; - = \frac{1}{x} \cdot \ln(x^2)$ w.z.z.w

10. Periodizität

Man erkennt, dass die Funktion nicht periodisch ist.

Winkel-, Exponential- und Logarithmusfunktionen

1 Diskutiere die Funktion $y = 2 \cdot \cos(2x)$ im Intervall $[-\pi; 2\pi]$.
Gehe wie beim 10-Punkte-Programm vor und bestimme: Umfassendste Definitionsmenge, Nullstellen, relative Extremstellen, Wendepunkt(e), Anstieg der Wendetangente(n), Monotonieverhalten, Krümmungsverhalten, Verhalten im Unendlichen, Graph, Symmetrie, Periodizität.
Achte insbesondere auf die Periodizität des Funktionsgraphen!

---

2 Diskutiere die Funktion $y = 3 \cdot \sin^2 x$ im Intervall $[-\pi; 2\pi]$.
Verwende das 10-Punkte-Programm!
Achte insbesondere auf die Periodizität des Funktionsgraphen!

---

3 Diskutiere die Funktion $y = \sin x + \cos x$ im Intervall $[-\pi; 2\pi]$.
Bestimme Nullstellen, relative Extremwerte und die die Periodizität des Funktionsgraphen!
Skizziere den Funktionsgraphen!

---

4 Diskutiere die Funktion $y = 3x \cdot e^{-x}$ und zeichne den Graphen im Intervall $[-1; 6]$.
Gehe wie beim 10-Punkte-Programm vor und bestimme: Umfassendste Definitionsmenge, Nullstelle, relative Extremstelle, Wendepunkt, Wendetangente, Monotonieverhalten, Krümmungsverhalten, Verhalten im Unendlichen, Graph, Symmetrie, Periodizität.

---

5 Diskutiere die Funktion $y = (2 - x^2) \cdot e^x$ und zeichne den Graphen im Intervall $[-6; 2]$.
Gehe wie beim 10-Punkte-Programm vor und bestimme: Umfassendste Definitionsmenge, Nullstelle, relative Extremstelle, Wendepunkt, Wendetangente, Monotonieverhalten, Krümmungsverhalten, Verhalten im Unendlichen, Graph, Symmetrie, Periodizität.

---

6 Diskutiere die Funktion $f(x) = \frac{8}{x^2} \cdot \ln x$ und zeichne den Graphen im Intervall $[0{,}5; 8]$.

---

7 Diskutiere die Funktion $f(x) = x \cdot (1 - \ln x)$ und zeichne den Graphen im Intervall $]0; 6]$.
Beachte die Definitionsmenge der Logarithmusfunktion insbesondere bei der Berechnung der Nullstelle.

Extremwertaufgaben

Bei Extremwertaufgaben ist es das Ziel, aus gegebenen Voraussetzungen einen absoluten Extremwert zu finden, z. B. aus einem rechteckigen Blech einen Quader mit größtem Volumen zu formen. Wir wissen, dass ein absoluter Extremwert an der Stelle des relativen Extremums liegen kann, aber auch am Rande des einschränkenden Intervalls (vergleiche Aufsteigen in Mathematik, 6. Klasse, Kapitel Reelle Funktionen).

Ein Gärtner möchte mit Hilfe eines 20 m langen Gartenzauns ein rechteckiges Beet für Gewürzpflanzen anlegen, das an die Längsseite seines Glashauses angrenzt. Dieses Beet soll möglichst groß sein.

Bei Extremwertaufgaben wird das Gesuchte (größter Flächeninhalt, kleinste Oberfläche, maximale Geschwindigkeit, etc.) als Funktion der gegebenen Größen dargestellt und untersucht, wo die Funktion ihr absolutes Extremum hat.

Skizze:

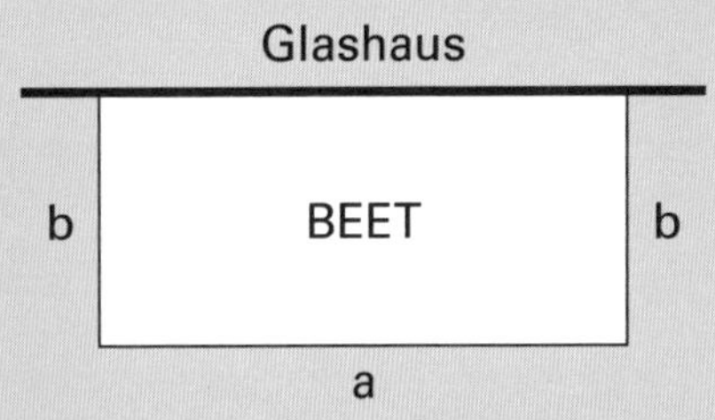

HB: $A = b \cdot a$	Gesucht wird eine Rechteck mit größtem Flächeninhalt (Hauptbedingung HB)
NB: $a + 2b = 20$ $a = 20 - 2b$	Angabe des Zusammenhangs zwischen den in der HB vorkommenden Variablen (Nebenbedingung NB)
HB: $A = b \cdot (20 - 2b)$	Einsetzen in die HB
$f(b) = b \cdot (20 - 2b)$	Der gesuchte Flächeninhalt wurde als Funktion der Breite b des Beets angegeben (Zielfunktion).

Für die Zielfunktion muss eine Definitionsmenge bestimmt werden, da auf Grund der gegebenen Zaunlänge b nur bestimmte Werte annehmen kann.
Der (absolut) kleinste Wert den b annehmen kann, ist 0, der (theoretisch) größte Wert ist 20 m.
Für die Definitionsmenge gilt $0 \leq b \leq 20$ also [0; 20]

$f(b) = b \cdot (20 - 2b)$ [0; 20]

$f(b) = 20b - 2b^2$

$f'(b) = 20 - 4b$ Bestimmung der relativen Extremstellen

$f''(b) = -4$

Bedingung für relativen Extremstellen $f'(b) = 0$

$20 - 4b = 0$

$4b = 20$

$b = 5$

Überprüfen, ob ein relatives Maximum vorliegt

$f''(5) = -4 < 0 \quad \rightarrow \quad b = 5$ ist relatives Maximum

Berechnung der zweiten Seitenlänge

$a = 20 - 2b$

$a = 20 - 2 \cdot 5$

$a = 10$

Berechnung des Flächeninhalts

$A = b \cdot a$

$A = 5 \cdot 10 = 50 \text{ m}^2$

Es muss noch überprüft werden, ob im Intervall [0; 20] der Wert b = 5 m auch das absolute Maximum ist. Dieses könnte ja auch in den Randpunkten des Intervalls liegen. Man führt also den so genannten Randpunkt-Vergleich (RPV) durch.

linker Randpunkt: $b = 0 \rightarrow a = 20$

$A = b \cdot a$ einsetzen in die HB

$A = 0 \cdot 20 = 0$

rechter Randpunkt: $b = 20 \rightarrow a = 0$

$A = b \cdot a$ einsetzen in die HB

$A = 20 \cdot 0 = 0$

Aus dem RPV folgt, dass genau dann in diesem Intervall ein absolutes Maximum (größter Flächeninhalt) vorliegt, wenn b = 5 m ist.

Der Gärtner muss ein Beet im Ausmaß von 10 m mal 5 m anlegen, um ein Beet mit größtem Flächeninhalt zu erhalten.

Beachte: Der Zusammenhang zwischen den in der HB vorkommenden Variablen (NB) wird manchmal direkt aus einer Formel (z. B. Umfang wie oben) gefunden. Häufig muss der Zusammenhang über den pythagoreischen Lehrsatz oder über ähnliche Dreiecke (Strahlensatz) hergestellt werden.

In einem Dachboden, der unter einem Giebeldach liegt, soll ein quaderförmiger Raum mit möglichst großer Querschnittsfläche und einer Mindesthöhe von 2,30 m eingebaut werden. Entnimm die Abmessung der Skizze.

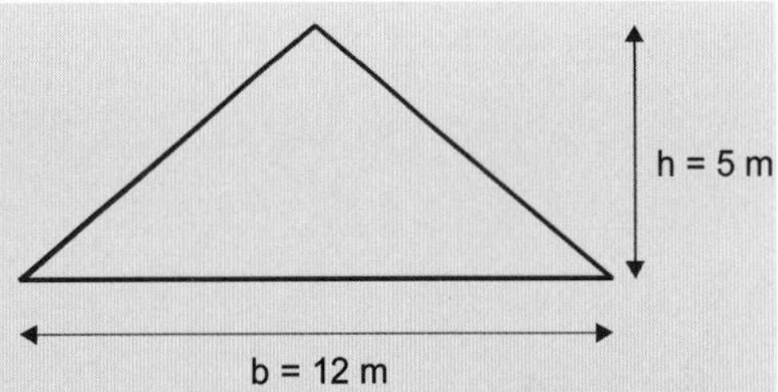

Skizze:

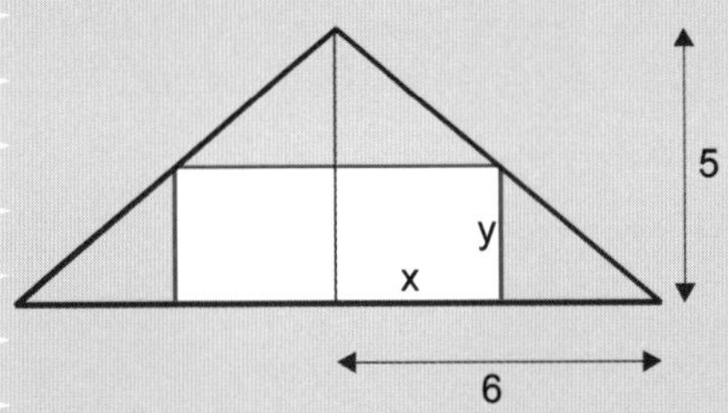

In die Skizze wird die Querschnittsfläche eingezeichnet und die Maße werden durch x und y ausgedrückt.

HB: $A = 2x \cdot y \rightarrow$ maximal (größte Querschnittsfläche)

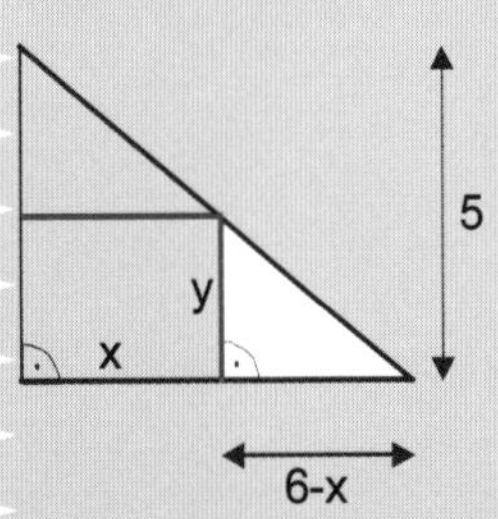

Mit Hilfe von ähnlichen Dreiecken erhält man einen Zusammenhang zwischen x und y bzw. den gegebenen Größen (NB).

Das Dreieck mit den Katheten 5 und 6 und das unterlegte Dreieck sind ähnlich.

Da in ähnlichen Dreiecken das Verhältnis entsprechender Seiten gleich ist, gilt:

$5 : 6 = y : (6 - x)$ ausrechnen von y

$6y = 5 \cdot (6 - x)$

NB: $y = \frac{5}{6} \cdot (6 - x)$

$A = 2x \cdot \frac{5}{6} \cdot (6 - x)$ einsetzen von NB in die HB

$f(x) = 2x \cdot \frac{5}{6} \cdot (6 - x)$ Darstellen des Flächeninhalts als Funktion von x.

Beachte: Man kann eine Zielfunktion vereinfachen, und zwar durch Weglassen von

1) konstanten Summanden
   $y = f(x) + c$ und $y = f(x)$ haben dieselben Extremwerte. Beim Differenzieren fallen ja konstante Summanden weg.
2) konstanten Faktoren
   $y = c \cdot f(x)$ und $y = f(x)$ haben dieselben Extremwerte. c bleibt zwar beim Differenzieren erhalten, setzt man y' allerdings Null, dann kann durch den Faktor c dividiert werden.
3) konstanten positiven Exponenten
   $y = f^2(x)$ und $y = f(x)$ haben dieselben Extremwerte. Die auftretende Wurzel fällt in der Gleichung weg.

$f(x) = 2x \cdot \frac{5}{6} \cdot (6 - x)$

$\bar{f}(x) = x \cdot (6 - x)$ [0; 6] vereinfachte Zielfunktion
x liegt zwischen 0 und 6 (Skizze)

$\bar{f}(x) = 6x - x^2$

$\bar{f}'(x) = 6 - 2x$

$\bar{f}''(x) = -2$

Berechnung der relativen Extremstelle $\bar{f}'(x) = 0$

$6 - 2x = 0$

$x = 3$

$\bar{f}''(3) = -2 < 0 \rightarrow x = 3$ ist relatives Maximum

Berechnung der Höhe

$y = \frac{5}{6} \cdot (6 - x)$

$y = \frac{5}{6} \cdot (6 - 3) = 2{,}5$ Auch die Höhe y genügt der in der Angabe gestellten Forderung.

Für den Flächeninhalt gilt:

$A = 2x \cdot y$

$A = 2 \cdot 3 \cdot 2{,}5 = 15\ m^2$

Randpunktvergleich

$x = 0 \rightarrow y = 5$	$x = 6 \rightarrow y = 0$
$A = 2 \cdot 0 \cdot 5$	$A = 2 \cdot 6 \cdot 0$
$A = 0$	$A = 0$

Aus dem RPV folgt, dass x = 3 auch das absolute Maximum im Intervall [0; 6] ist.

Die rechteckige Querschnittsfläche für den Dachbodenausbau hat die Ausmaße von 6 m mal 2,5 m.

In einen Kegel mit dem Radius r cm ist ein Drehkegel mit maximalem Volumen einzuschreiben.

Skizze:

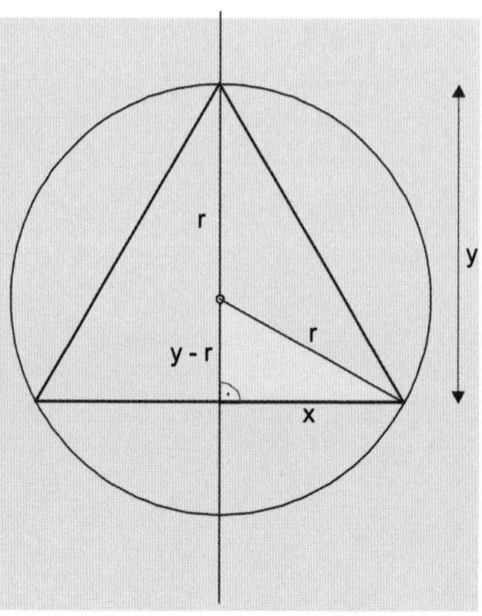

HB: $V = \frac{1}{3} \cdot G \cdot h$ V eines Drehkegels

$V = \frac{1}{3} \cdot x^2\pi \cdot y$

NB: Pythagoreischer Lehrsatz

$(y - r)^2 + x^2 = r^2$

ausdrücken von x^2 und einsetzen in die HB

$x^2 = r^2 - (y - r)^2$

$V = \frac{1}{3} \cdot x^2\pi \cdot h$

$V = \frac{1}{3} \cdot \pi \cdot [r^2 - (y - r)^2] \cdot y$

$f(y) = [r^2 - (y - r)^2] \cdot y$ $[0; 2r]$ vereinfachte Zielfunktion (Weglassen der konstanten Summanden)
y kann Werte zwischen 0 und 2r (= Durchmesser der Kugel) annehmen.

$f(y) = (r^2 - y^2 + 2ry - r^2) \cdot y$ Vor dem Differenzieren ist es günstig, die Klammern auszurechnen.

$f(y) = -y^3 + 2ry^2$

$f'(y) = -3y^2 + 4ry$

$f''(y) = -6y + 4r$

Berechnung der relativen Extremstellen

$-3y^2 + 4ry = 0$

$y \cdot (-3y + 4r) = 0$ Produkt-Null-Satz

$(y = 0) \vee (-3y + 4r = 0)$

$y = \frac{4}{3}r$

$f''(0) = 4r > 0 \rightarrow$ kein relatives Minimum (y = 0 auch nicht sinnvoll, da V = 0)

$f''\left(\frac{4}{3}r\right) = -6 \cdot \frac{4}{3}r + 4r = -4r < 0 \rightarrow$ relatives Maximum

aus $y = \frac{4}{3}r \rightarrow x^2 = r^2 - (\frac{4}{3}r - r)^2$

$x^2 = r^2 - \frac{1}{9} \cdot r^2$

$x^2 = \frac{8}{9} \cdot r^2$

$x = \frac{1}{3}r \cdot \sqrt{8} = \frac{2}{3}r \cdot \sqrt{2}$

$V = \frac{1}{3} \cdot \frac{8}{9} \cdot r^2\pi \cdot \frac{4}{3}r$

$V = \frac{32}{81}\pi \cdot r^3$

RPV: 1) $y = 0$ siehe oben

2) $y = 2r \rightarrow x^2 = r^2 - (2r - r)^2$

$x^2 = 0$

$V = 0$

$y = \frac{4}{3}r$ ist auch das absolute Maximum im Intervall $[0; 2r]$

Der eingeschriebene Drehkegel hat den Radius $\frac{2}{3}r \cdot \sqrt{2}$ und als Höhe $\frac{4}{3}r$.

Extremwertaufgaben

1 Einem gleichschenkligen Dreieck mit der Basis a = 6 cm und der Höhe h = 8 cm soll das flächengrößte Rechteck so eingeschrieben werden, dass eine Seite des Rechtecks in der Basis des Dreieckes liegt. Berechne die Seitenlängen des Rechtecks!

2 Gib die Ausmaße jenes Rechtecks mit gegebener Diagonallänge d an, das den größten Flächeninhalt hat!

3 Welches Rechteck mit dem Flächeninhalt A = 100 cm^2 hat den kleinsten Umfang?

4 Aus 4 Stangen mit der Länge 3 m soll eine zeltförmige Pyramide mit quadratischer Grundfläche errichtet werden, die einen möglichst großen Rauminhalt haben soll. Berechne die Abmessungen der Grundfläche, die Höhe und das Volumen der Pyramide. Unter welchem Winkel ist eine Stange zur Grundfläche geneigt? Wie viel Material braucht man, um dieses Zelt zu umspannen (Boden und Mantelfläche)?

5 Welchen minimalen Materialverbrauch hat eine zylindrische Dose, die 0,3 Liter fasst? Berechne Radius und Höhe des Zylinders! Beachte: 1 Liter entspricht 1 dm^3.

6 Einer Kugel vom Radius r = 25 cm wird ein Drehzylinder mit größtem Volumen eingeschrieben. Berechne Radius und Höhe dieses volumsgrößten Zylinders!

7 Einer Kugel vom Radius r wird ein gerader Drehkegel mit größtem Volumen eingeschrieben. Berechne den Radius des Basiskreises und die Höhe des Drehkegels.

8 In einem Einfamilienhaus werden Kellerfenster eingebaut. Jedes Kellerfenster soll die Form eines Rechtecks mit einem aufgesetzten Halbkreis haben, der Umfang u = 4 m betragen. Wie müssen die Abmessungen des Kellerfensters dimensioniert sein, damit das Fenster möglichst viel Licht hereinlässt? (d.h. der Flächeninhalt des Kellerfensters muss möglichst groß sein)

Nicht lineare analytische Geometrie

Der Kreis

Definition

Mittelpunkt im Ursprung

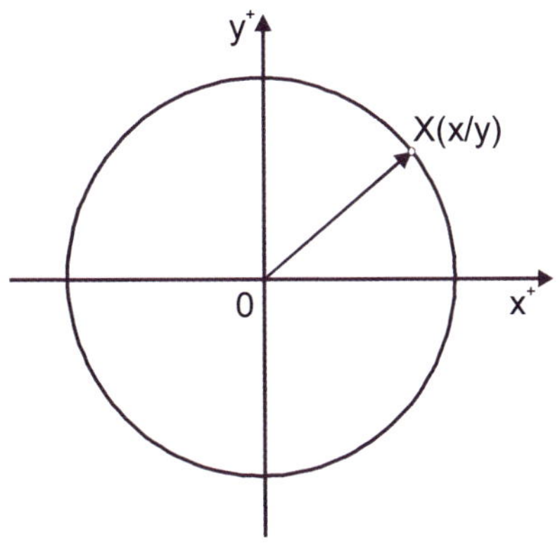

in allgemeiner Lage

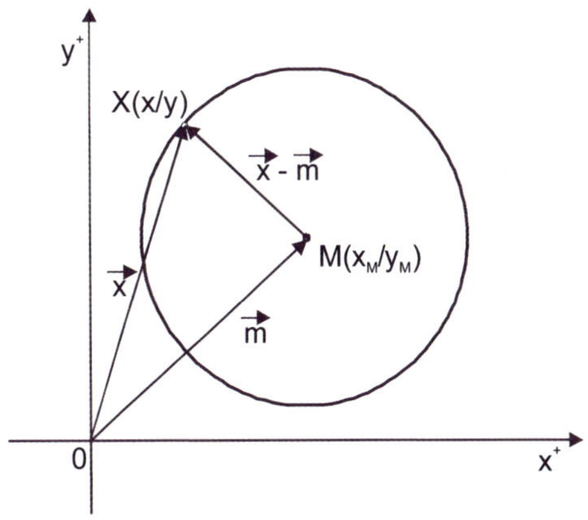

$\lvert\overrightarrow{OX}\rvert = \begin{pmatrix} x \\ y \end{pmatrix}$ $\lvert\overrightarrow{OX}\rvert = r$ $\sqrt{x^2 + y^2} = r \quad \vert^2$		$\overrightarrow{MX} = \begin{pmatrix} x - x_M \\ y - y_M \end{pmatrix}$ $\lvert\overrightarrow{MX}\rvert = r$ $\sqrt{(x - x_M)^2 + (y - y_M)^2} = r \quad \vert^2$
$x^2 + y^2 = r^2$	Gleichung des Kreises in Koordinatenform	$(x - x_M)^2 + (y - y_M)^2 = r^2$
$\begin{pmatrix} x \\ y \end{pmatrix}^2 = r^2$ $\vec{x} = r^2$ bzw. $\vec{X} = r^2$	Gleichung des Kreises in Vektorform	$\begin{pmatrix} x - x_M \\ y - y_M \end{pmatrix}^2 = r^2$ $(\vec{x} - \vec{m})^2 = r^2$ bzw. $(X - M)^2 = r^2$

Von einem Kreis kennt man den Mittelpunkt M und den Radius r. Gib die Gleichung des Kreises an!

a) k[(0/0); 5] Das ist ein Kreis, dessen Mittelpunkt im Ursprung liegt.
   k: $x^2 + y^2 = 25$ oder $X^2 = 25$

b) k[(–3/2); 4]
   k: $(x + 3)^2 + (y - 2)^2 = 16$ oder $\left[X - \begin{pmatrix} -3 \\ 2 \end{pmatrix}\right]^2 = 16$

Der Punkt P liegt auf dem Kreis k. Bestimme die fehlende Koordinate!

a) $P(3/y_P > 0)$ k: $x^2 + y^2 = 25$
   Einsetzen: $9 + y^2 = 25$
   $y^2 = 16$
   $y = \pm 4 \rightarrow y_P = 4$ P(3/4)

b) $P(x_P < 0/1)$ k: $\left[X - \begin{pmatrix}3\\-4\end{pmatrix}\right]^2 = 89$

Einsetzen: $\left[\begin{pmatrix}x_P\\1\end{pmatrix} - \begin{pmatrix}3\\-4\end{pmatrix}\right]^2 = 89$

$(x-3)^2 + (1+4)^2 = 89$

$x^2 - 6x + 9 + 25 = 89$

$x^2 - 6x - 55 = 0$

$x_{1,2} = 3 \pm \sqrt{9+55} = 3 \pm \sqrt{64} = 3 \pm 8$

$x_1 = -5 \quad x_2 = 11$

Da $x_P < 0 \rightarrow x_P = -5$ $P(-5/1)$

Ermittle jeweils die Koordinaten des Mittelpunkts und den Radius!

a) $x^2 + y^2 = 121 \rightarrow M(0/0),\ r = \sqrt{121} = 11$

b) $x^2 + y^2 + 4x - 6y - 12 = 0$

$x^2 + 4x \quad + y^2 - 6y \quad = 12$

$+4 \quad +9 \quad +4+9$

$x^2 + 4x + 4 + y^2 - 6y + 9 = 25$

$(x+2)^2 + (y-3)^2 = 25$

$\rightarrow M(-2/3),\ r = 5$

M und r lassen sich nur aus der Gleichung $(x - x_M)^2 + (y - y_M)^2 = r^2$ bestimmen. Ergänze jeweils auf ein vollständiges Quadrat.

Lagebeziehung Kreis – Gerade

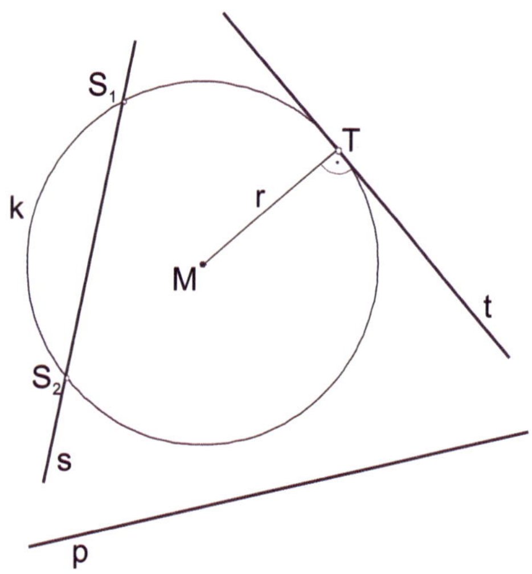

Bezeichnet man den Abstand des Mittelpunkts M zur jeweiligen Geraden mit d, so gilt

p ... Passante
$d > r, \quad p \cap k = \{\}$
p verläuft am Kreis vorbei

t ... Tangente
$d = r, \quad t \cap k = \{T\}$
t schneidet (berührt) den Kreis k genau in einem Punkt

s ... Sekante
$d < r, \quad t \cap k = \{S_1, S_2\}$
s schneidet den Kreis k in zwei Punkten S_1, S_2

Welche Lage hat die Gerade g: $2x - y = 5$ bezüglich des Kreises k: $x^2 + y^2 = 10$?

g: $y = 2x - 5$ — Umformen von g in die explizite Darstellung.

k: $x^2 + y^2 = 10$ — Schneiden (d. h. löse das Gleichungssystem, um eventuell gemeinsame Punkte zu finden).

$x^2 + (2x-5)^2 = 10$

$x^2 + 4x^2 - 20x + 25 = 10$

$5x^2 - 20x + 15 = 0 \quad |:5$

$x^2 - 4x + 3 = 0$

$x_{1,2} = 2 \pm \sqrt{4-3} = 2 \pm 1$

$x_1 = 1,\ x_2 = 3$ — es gibt 2 Schnittpunkte → g ist ein Sekante

Berechnung der zugehörigen y-Werte

$y_1 = 2 \cdot 1 - 5$ $\qquad$ $y_2 = 2 \cdot 3 - 5$

$y_1 = -3$ $\qquad$ $y_2 = 1$

$S_1(1/-3)$ $\qquad$ $S_2(3/1)$

Beachte: Eine Gerade berührt den Kreis, sie ist Tangente, wenn die in der Rechnung auftretende quadratische Gleichung eine Doppellösung besitzt, d. h. wenn die Diskriminante (Ausdruck unter der Wurzel) gleich Null ist.
Mit dieser Überlegung kann man die Berührbedingung ableiten:

Berührbedingung (BB)

Kreis in Ursprungslage

$k: x^2 + y^2 = r^2$ $\qquad$ $g: y = kx + d$

g berührt k, wenn $r^2 \cdot (k^2 + 1) = d^2$

Kreis in allgemeiner Lage

$k: (x - x_M)^2 + (y - y_M)^2 = r^2$ $\qquad$ $g: y = kx + d$

g berührt k, wenn $r^2 \cdot (k^2 + 1) = (k \cdot x_M - y_M + d)^2$

Tangenten

a) Gleichung einer Tangente in einem Punkt T des Kreises k: (X – M) = r²

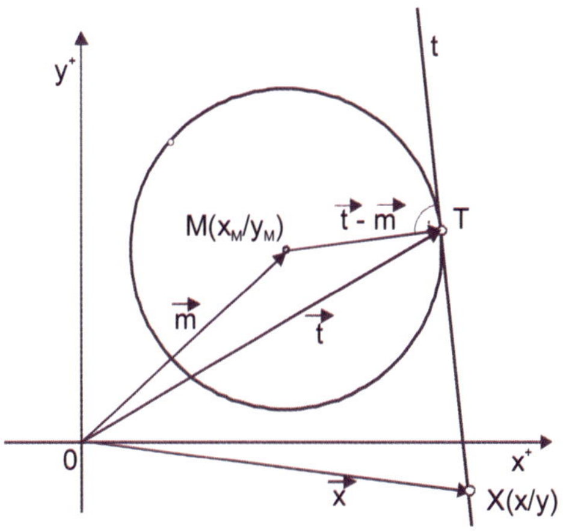

Der Vektor $\vec{t} - \vec{m}$ ist ein Normalvektor der Tangente.
Es gilt die Orthogonalitätsbedingung für normale Vektoren:

$\overrightarrow{MT} \cdot \overrightarrow{TX} = 0$ $\qquad$ $TX = X - T$

$(T - M) \cdot (X - T) = 0$

Da T auf dem Kreis liegt, muss T die Kreisgleichung erfüllen.

Es gilt: $(T - M)^2 = r^2$

$$\left.\begin{array}{r} (T - M) \cdot (X - T) = 0 \\ (T - M)^2 = r^2 \end{array}\right\} +$$

$(T - M) \cdot (X - T) + (T - M)^2 = r^2$ $\qquad$ T – M herausheben

$(T - M) \cdot [(X - T) + (T - M)] = r^2$

$(T - M) \cdot [X - T + T - M] = r^2 \rightarrow (T - M) \cdot (X - M) = r^2$

$(T - M) \cdot (X - M) = r^2$ Tangentengleichung

Man kann sich die Gleichung leicht merken, denn sie entsteht durch Aufspalten der entsprechenden Kreisgleichung.

$(X - M)^2 = r^2$

$(X - M) \cdot (X - M) = r^2$ $\qquad$ ein X wir durch T ersetzt

$(T - M) \cdot (X - M) = r^2$

In Koordinatenform

$(x - x_M)^2 + (y - y_M)^2 = r^2$ — Aufspalten

$(x - x_M) \cdot (x - x_M) + (y - y_M) \cdot (y - y_M) = r^2$ — x, y durch die Koordinaten von T ersetzen

$(x_T - x_M) \cdot (x - x_M) + (y_T - y_M) \cdot (y - y_M) = r^2$ — Tangentengleichung

Für einen Kreis in Ursprungslage gilt ebenso:

$X^2 = r^2$	$x^2 + y^2 = r^2$
$X \cdot X = r^2$	$x \cdot x + y \cdot y = r^2$
$T \cdot X = r^2$	$x_T \cdot x + y_T \cdot y = r^2$

Ermittle die Gleichung der Tangente im Punkt T(2/3) des Kreises $(x - 3)^2 + (y + 5)^2 = 65$!

$(x - 3) \cdot (x - 3) + (y + 5) \cdot (y + 5) = 65$ — Aufspalten der Kreisgleichung

$(2 - 3) \cdot (x - 3) + (3 + 5) \cdot (y + 5) = 65$ — Einsetzen von T

$-x + 3 + 8y + 40 = 65$

$-x + 8y = 22$ — Gleichung der Tangente

b) Tangenten von einem Punkt P an einen Kreis

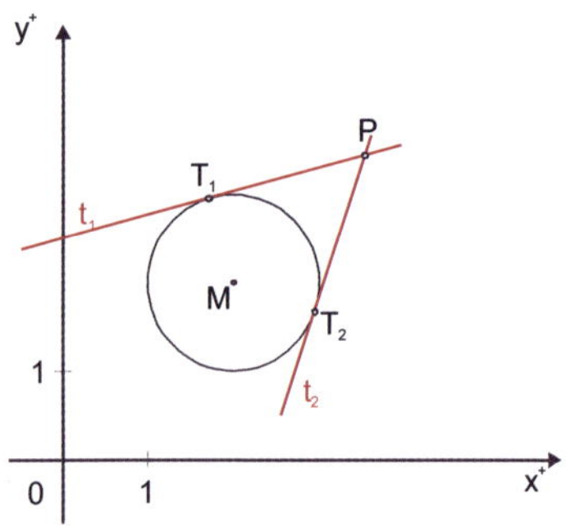

Zur Berechnung der Tangenten verwende die Berührbedingung.

Ermittle die Gleichung der Tangenten, die man vom Punkt P(5/–3) an den Kreis k: $x^2 + y^2 + 20x - 4y + 54 = 0$ legen kann.

$x^2 + 20x \quad + y^2 - 4y \quad = -54$

$\quad + 100 \quad + 4 \quad + 100 + 4$

Für die BB braucht man die Koordinaten des Mittelpunkts des Kreises und den Radius.

$x^2 + 20x + 100 + y^2 - 4y + 4 = -54 + 100 + 4$

$(x + 10)^2 + (y - 2)^2 = 50 \quad \rightarrow M(-10/2), \; r^2 = 50$

$r^2 \cdot (k^2 + 1) = (k \cdot x_M - y_M + d)^2$ — Einsetzen in die BB

$50 \cdot (k^2 + 1) = (-10k - 2 + d)^2$

$y = kx + d$ — Gleichung der Tangente = Geradengleichung

$-3 = 5k + d$ — P liegt auf der Tangente

Man erhält ein Gleichungssystem in den Variablen k und d.

$50 \cdot (k^2 + 1) = (-10k - 2 + d)^2$

$\underline{-3 = 5k + d} \quad d = -3 - 5k$

$50 \cdot (k^2 + 1) = (-10k - 2 - 3 - 5k)^2$ — Einsetzen für d

$50k^2 + 50 = (-15k - 5)^2$

$50k^2 + 50 = 225k^2 + 150k + 25$

$175k^2 + 150k - 25 = 0 \;|:25$

$7k^2 + 6k - 1 = 0$

$k_{1,2} = \frac{-6 \pm \sqrt{36 - 4 \cdot 7 \cdot (-1)}}{14} = \frac{-6 \pm \sqrt{64}}{14} = \frac{-6 \pm 8}{14}$

$k_1 = 1 \quad k_2 = \frac{1}{7}$

Berechnung des entsprechenden d-Werts

$k_1 = -1$	$k_2 = \frac{1}{7}$
$d = -3 - 5 \cdot (-1)$	$d = -3 - 5 \cdot \frac{1}{7}$
$d = 2$	$d = \frac{-26}{7}$
t_1: $y = -x + 2$	t_2: $y = \frac{1}{7}x - \frac{26}{7}$

An den Kreis $k[M(-7/-9), r = 4 \cdot \sqrt{2}\,]$ sollen Tangenten gelegt werden, die mit der x-Achse einen Winkel von 45° einschließen.

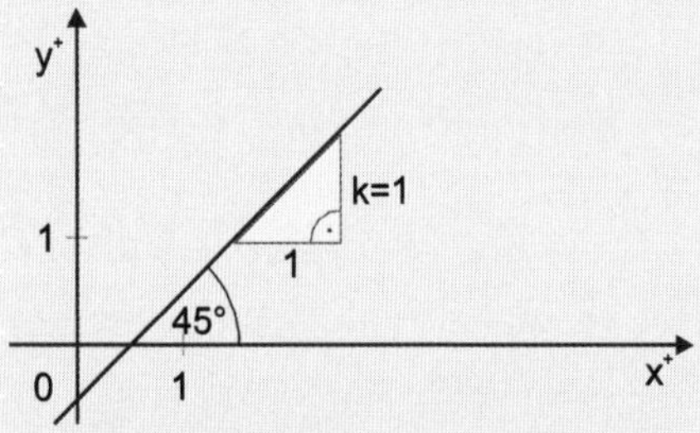

Beachte: Bei einer Geraden, die mit der x-Achse einen Winkel von 45° einschließt, gilt k = 1.

$r^2 \cdot (k^2 + 1) = (k \cdot x_M - y_M + d)^2$ BB, einsetzen von M, r und k

$32 \cdot (1 + 1) = (-7 \cdot 1 + 9 + d)^2$

$64 = (2 + d)^2$

$d^2 + 4d + 4 = 64$

$d^2 + 4d - 60 = 0$

$d_{1,2} = -2 \pm \sqrt{4 + 60} = -2 \pm 8$

$d_1 = -10, \quad d_2 = 6$

t_1: $y = x - 10$

t_2: $y = x + 6$

Schnittwinkel zwischen Kreis und Gerade

Berechne, unter welchem Schnittwinkel die Gerade $y = 2x - 5$ den Kreis $x^2 + y^2 = 10$ schneidet.

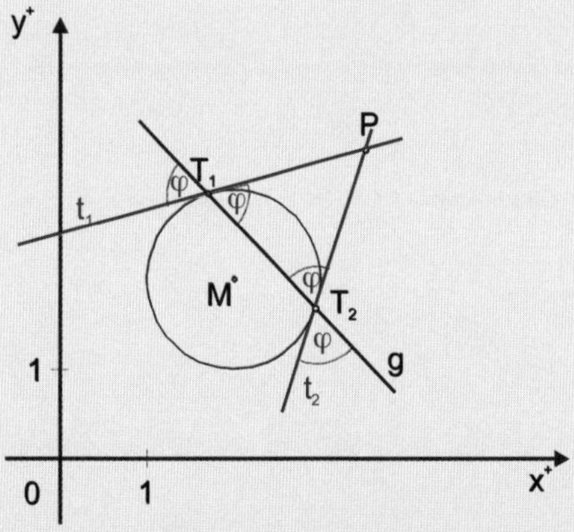

Unter dem Schnittwinkel eines Kreises mit einer Geraden versteht man den Winkel, den die Gerade mit der Tangente im Schnittpunkt einschließt. Beachte: Obwohl die Gerade den Kreis in 2 Punkten schneidet, ergibt sich jeweils derselbe Schnittwinkel, da das Dreieck ΔT_1PT_2 ein gleichschenkliges ist und damit die Basiswinkel gleich sind.

Um den Winkel zu errechnen, braucht man die Tangentengleichung nicht anzugeben. In der Cosinus-Fornel zur Errechnung des Winkels zwischen zwei Geraden kommen nur die Richtungsvektoren vor.

$\sphericalangle(\vec{a}; \vec{b}) = \cos\varphi = \frac{\vec{a} \cdot \vec{b}}{|\vec{a}| \cdot |\vec{b}|}$

Um den Richtungsvektor einer Geraden anzugeben,
wird lediglich der Anstieg k benötigt.
Es gilt für $\vec{a}$ in gekürzter Form $\vec{a} = \begin{pmatrix} 1 \\ k \end{pmatrix}$

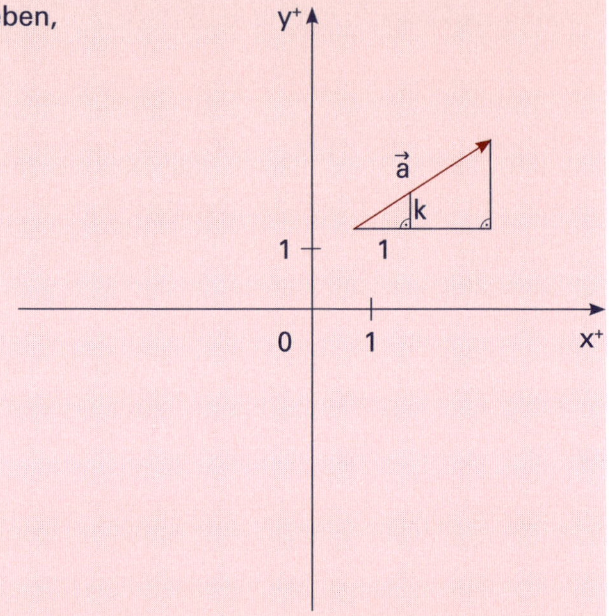

Anstieg von g: $k = 2 \rightarrow \vec{a} = \begin{pmatrix} 1 \\ 2 \end{pmatrix}$ $|\vec{a}| = \sqrt{1 + 4} = \sqrt{5}$

Anstieg der Kreistangente — Aus der Differentialrechnung wissen wir, dass die erste Ableitung y′ den Anstieg angibt.

$x^2 + y^2 = 10$

$2x + 2y \cdot y' = 0$ — Implizites Differenzieren nach der Variablen x.

$y' = -\frac{x}{y}$

Berechnung der Schnittpunkte durch Schneiden der Geraden mit dem Kreis. Diese Aufgabe wurde schon im Kapitel Lagebeziehung Kreis – Gerade durchgeführt (siehe dort)
Einsetzen eines Schnittpunkts z. B. $S_1(1/-3)$.

$k = y' = -\frac{1}{-3} = \frac{1}{3}$ $\rightarrow \vec{b} = \begin{pmatrix} 1 \\ \frac{1}{3} \end{pmatrix}$ $|\vec{b}| = \sqrt{1 + \frac{1}{9}} = \sqrt{\frac{10}{9}}$

$\cos \varphi = \frac{\begin{pmatrix} 1 \\ 2 \end{pmatrix} \cdot \begin{pmatrix} 1 \\ \frac{1}{3} \end{pmatrix}}{\sqrt{5} \cdot \sqrt{\frac{10}{9}}} = \frac{1 + \frac{2}{3}}{\sqrt{5} \cdot \sqrt{\frac{10}{9}}} = \frac{\sqrt{2}}{2}$ $\rightarrow \varphi = 45°$

Der Kreis

1 Von einem Kreis kennt man den Mittelpunkt M und den Radius r. Gib die Gleichung des Kreises in Koordinatenform und in Vektorform an!

a) k[(0/0); 4] **b)** k[(5/–2); 5] **c)** k[(3/0); 2] **d)** k[(0/–1); $\sqrt{5}$]

---

2 Der Punkt P liegt auf dem Kreis k. Bestimme die fehlende Koordinate!

a) $P(12/y_P > 0)$ k: $x^2 + y^2 = 169$

b) $P(x_P/1)$ k: $\left[X - \begin{pmatrix} 4 \\ -2 \end{pmatrix}\right]^2 = 25$

c) $P(x_P > 0/2)$ k: $(x + 1)^2 + (y - 4)^2 = 20$

---

3 Ermittle jeweils die Koordinaten des Mittelpunkts und den Radius!

a) $x^2 + y^2 = 256$ **b)** $x^2 + y^2 - 14x + 8y + 15 = 0$ **c)** $x^2 + y^2 - 12x - 160 = 0$

d) $X^2 = 100$ **e)** $\left[X - \begin{pmatrix} -3 \\ 7 \end{pmatrix}\right]^2 = 625$ **f)** $\left[X - \begin{pmatrix} -12 \\ 0 \end{pmatrix}\right]^2 = 900$

---

4 Welche Lage hat die Gerade g: $-x + 7y = 25$ bezüglich des Kreises k: $x^2 + y^2 = 25$? Berechne die Koordinaten von möglichen Schnittpunkten!

---

5 Welche Lage hat die Gerade g: $y = x + 2$ bezüglich des Kreises k: $(x - 2)^2 + (y - 4)^2 = 18$? Berechne die Koordinaten von möglichen Schnittpunkten!

---

6 Welche Lage hat die Gerade g: $x + 2y = 10$ bezüglich des Kreises k: $\left[X - \begin{pmatrix} 1 \\ 2 \end{pmatrix}\right]^2 = 25$? Berechne die Koordinaten von möglichen Schnittpunkten!

---

7 Ermittle die Gleichung der Tangente im Punkt T des gegebenen Kreises k!

a) $T(6/y_T < 0)$, k: $(x - 3)^2 + (y + 2)^2 = 10$

b) $T(x_T < 0/3)$, k: $(x + 5)^2 + (y + 4)^2 = 53$

---

8 Ermittle die Gleichung der Tangenten, die man vom Punkt P(–3/–10) an den Kreis k: $(x + 5)^2 + (y + 4)^2 = 20$ legen kann. Berechne auch die Koordinaten der Tangentenberührungspunkte!

---

9 Ermittle die Gleichung der Tangenten, die man vom Punkt P(3/–6) an den Kreis k: $x^2 + y^2 + 4x + 2y = 0$ legen kann. Berechne auch die Koordinaten der Tangentenberührungspunkte!

10 An den Kreis k: $x^2 + y^2 - 10x + 2y - 74 = 0$ sollen Tangenten gelegt werden, die mit der Geraden g: $y = \frac{3}{4}x + \frac{1}{2}$ einen rechten Winkel einschließen. Ermittle die Gleichung der Tangenten und die Koordinaten der Berührungspunkte.

11 An den Kreis k: $(x - 1)^2 + (y - 2)^2 = 20$ sollen Tangenten gelegt werden, die zur Geraden g: $y = \frac{1}{2}x - \frac{9}{2}$ parallel sind. Ermittle die Gleichung der Tangenten und die Koordinaten der Berührungspunkte.

12 Ermittle die Gleichung der Tangenten, die man vom Punkt P(–5/–3) an den Kreis k: $\left[X - \begin{pmatrix}5\\7\end{pmatrix}\right]^2 = 20$ legen kann. Berechne die Koordinaten der Tangentenberührungspunkte! Welchen Winkel schließen die beiden Tangenten ein?

13 Ermittle die Gleichung der Tangenten, die man vom Punkt P(–3/6) an den Kreis k: $x^2 + y^2 - 4x - 2y - 35 = 0$ legen kann. Berechne auch die Koordinaten der Tangentenberührungspunkte T_1, T_2! Welchen Winkel schließen die beiden Tangenten ein? Ermittle den Flächeninhalt des Dreiecks PT_1T_2 !

14 Ermittle die Gleichung des Kreises, der durch die Punkte A,B und C verläuft!
a) A(3/2(, B(8/–3), C(–1/–6) **b)** A(–1/–9), B(0/4), C(6/12)
Anleitung: Der Kreis ist der Umkreis des Dreiecks ΔABC. Für den Mittelpunkt U schneidet man zwei Streckensymmetralen, der Radius ist der Abstand von U zu einem Eckpunkt.

15 Berechne unter welchem Schnittwinkel die Gerade g: $y = -\frac{1}{2}x + 3$ den Kreis k: $x^2 + y^2 + 6x - 4y - 12 = 0$ schneidet.

16 Unter welchem Winkel schneiden einander die beiden Kreise!
a) $k_1[(0/0), 5]$, $k_2[(10/0), \sqrt{45}]$ b) $k_1[(3/7), \sqrt{20}]$, k_2: $x^2 + y^2 + 8x - 10y - 44 = 0$
Anleitung: Der Schnittwinkel zweier Kreise ist der Winkel, den die Tangenten im Schnittpunkt der beiden Kreise bilden.

Die Ellipse (ell)

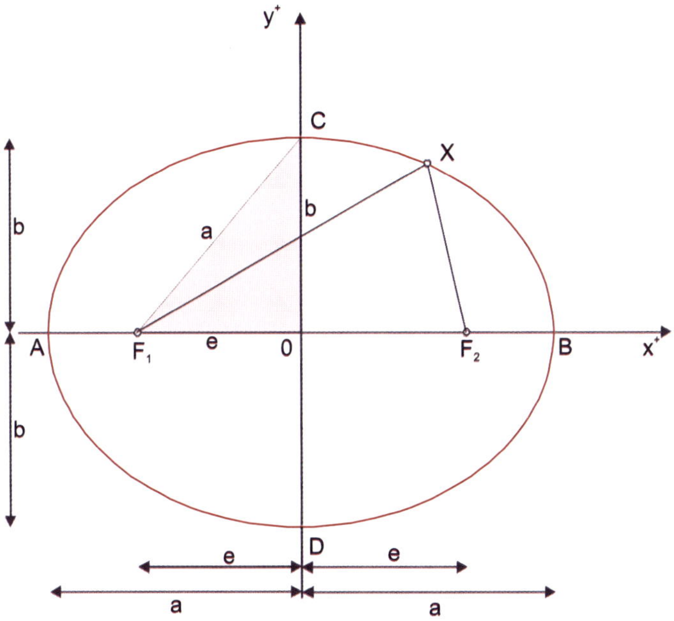

A, B … Hauptscheitel
C, D … Nebenscheitel
F_1, F_2 … Brennpunkte

AB … Hauptachse mit der Länge 2a
CD … Nebenachse (Länge 2b)

XF_1, XF_2 … Brennstrecken

e … lineare Exzentrizität

$$e^2 = a^2 - b^2$$

Es gilt:
$\overline{XF_1} + \overline{XF_2} = 2a \qquad \forall X \in ell$
Die Summe der Brennstrecken ist 2a.

Für eine Ellipse in erster Hauptlage (Hauptachse liegt in der x-Achse) gilt:
A(–a/0), B(a/0), C(0/b), D(0/–b), F_1(–e/0), F_2(e/0)

Gleichung der Ellipse in 1. Hauptlage

$$b^2x^2 + a^2y^2 = a^2b^2 \quad \text{oder} \quad \frac{x^2}{a^2} + \frac{y^2}{b^2} = 1$$

Anmerkung: Bei den Aufgaben in diesem Kapitel geht man im Wesentlichen ähnlich vor wie bei den Aufgaben im Kapitel Kreis.

Stelle die Gleichung der Ellipse in 1. Hauptlage vor, die durch die Punkte A(3/3,2) und B($-\frac{5\cdot\sqrt{3}}{2}$/–2) verläuft. Berechne a, b und e und gib die Koordinaten der Scheitelpunkte bzw. der Brennpunkte an.

$$\frac{x^2}{a^2} + \frac{y^2}{b^2} = 1$$

Es ist vorteilhaft, jene Gleichung der ell zu nehmen, wo die Unbekannten nur auf einer Seite stehen.

A∈ell: $\frac{3^2}{a^2} + \frac{3{,}2^2}{b^2} = 1$

B∈ell: $\frac{\left(\frac{-5\cdot\sqrt{3}}{2}\right)^2}{a^2} + \frac{(-2)^2}{b^2} = 1$

$$\frac{9}{a^2} + \frac{10{,}24}{b^2} = 1$$

$$\frac{18{,}75}{a^2} + \frac{4}{b^2} = 1 \qquad |\cdot(-2{,}56)$$

$$\frac{9}{a^2} + \frac{10{,}24}{b^2} = 1$$

$$\frac{-48}{a^2} - \frac{10{,}24}{b^2} = -2{,}56$$

$$\frac{-39}{a^2} = -1{,}56$$

$$a^2 = \frac{39}{1{,}56} = 25 \rightarrow a = 5$$

Einsetzen in die erste Gleichung

$$\frac{9}{25} + \frac{10{,}24}{b^2} = 1$$

$$\frac{10{,}24}{b^2} = \frac{16}{25} = 0{,}64$$

$$b^2 = \frac{10{,}24}{0{,}64} = 16 \rightarrow b = 4$$

Gleichung der Ellipse

$\frac{x^2}{25} + \frac{y^2}{16} = 1 \qquad |\cdot 25 \cdot 16$

oder $16x^2 + 25y^2 = 400$

$e^2 = a^2 - b^2$

$e^2 = 25 - 16 = 9 \quad \rightarrow e = 3$

A(–5/0), B(5/0), C(0/4), D(0/–4), F_1(–3/0), F_2(3/0)

Von einer Ellipse kennt man die beiden Brennpunkte F_1(–4/0), F_2(4/0) und den Punkt P(3/2,4). Ermittle die Gleichung der Ellipse.

$\overline{XF_1} + \overline{XF_2} = 2a$ — Definition der Ellipse

$\overrightarrow{PF_1} = \begin{pmatrix} -7 \\ -2{,}4 \end{pmatrix}, \overrightarrow{PF_2} = \begin{pmatrix} 1 \\ -2{,}4 \end{pmatrix}$ — Berechnung der Brennstrecken

$\overrightarrow{PF_1} = \sqrt{(-7)^2 + (-2{,}4)^2} = 7{,}4$

$\overrightarrow{PF_2} = \sqrt{1^2 + (-2{,}4)^2} = 2{,}6$

$|\overrightarrow{PF_1}| + |\overrightarrow{PF_2}| = 7{,}4 + 2{,}6 = 10 \quad \rightarrow \quad 2a = 10,\ a = 5$

$e = 4$ — laut Angabe ist $e = 4$

$e^2 = a^2 - b^2$

$16 = 25 - b^2$

$b^2 = 4$ — Gleichung der Ellipse: $16x^2 + 25y^2 = 400$

Ellipse – Gerade

Berührbedingung für die Gerade $y = kx + d$ und einer Ellipse in 1. Hauptlage

BB: $a^2k^2 + b^2 = d^2$

Tangente in einem Punkt $T(x_T/y_T)$ der Ellipse in 1. Hauptlage

$b^2x \cdot x_T + a^2y \cdot y_T = a^2b^2$ — Spaltform der Tangentengleichung (vergleiche Kreis)

Gib die Tangente im Punkt $P(3/y_P > 0)$ der Ellipse $4x^2 + 15y^2 = 96$ an.

Berechnung der fehlenden Koordinate y_P

$P \in ell$: $4 \cdot 9 + 15y^2 = 96$

$15y^2 = 60$

$y^2 = 4$

$y = \pm 2 \rightarrow$ P(3/2)

$4x^2 + 15y^2 = 96$ — Spaltform

$4x \cdot x_T + 15y \cdot y_T = 96$

$4x \cdot 3 + 15y \cdot 2 = 96$

$12x + 30y = 96 \qquad |:6$

t: $2x + 5y = 16$

Lege Tangenten an die Ellipse $4x^2 + 25y^2 = 400$, die zur Geraden $x + 5y = 2$ parallel sind.
Die Tangenten müssen die BB erfüllen.

$4x^2 + 25y^2 = 400 \quad |: 400$ — Die Werte von a^2 und b^2 können nicht direkt

$\frac{4x^2}{400} + \frac{25y^2}{400} = 1$ — aus der gegebenen Gleichung entnommen werden,

$\frac{x^2}{100} + \frac{y^2}{16} = 1$ — da $4 \cdot 25 \neq 400$ ist.

$a^2 = 100, \ b^2 = 16$

g: $x + 5y = 2$ — Die gesuchten Tangenten sollen parallel zur

$y = -\frac{1}{5}x + \frac{2}{5} \quad \rightarrow \ k = -\frac{1}{5}$ — Geraden sein, d. h. sie haben denselben Anstieg

BB: $a^2k^2 + b^2 = d^2$

$100 \cdot \left(-\frac{1}{5}\right)^2 + 16 = d^2$

$\frac{100}{25} + 16 = d^2$

$d^2 = 20 \qquad d = \pm\sqrt{20}$

t_1: $y = -\frac{1}{5}x + \sqrt{20} \qquad t_2$: $y = -\frac{1}{5}x - \sqrt{20}$

Von einem Punkt P(–3/3) sollen Tangenten an die Ellipse $x^2 + 2y^2 = 24$ gelegt werden.
Die Tangenten berühren die Ellipse und müssen daher die BB erfüllen.

$x^2 + 2y^2 = 24 \quad |: 24$ — Berechnung von a^2 und b^2. *Beachte:* $1 \cdot 2 \neq 24$

$\frac{x^2}{24} + \frac{y^2}{12} = 1$

$a^2 = 24, \ b^2 = 12$

$P \in t \quad y = kx + d$

$3 = -3k + d \quad \rightarrow \ d = 3k + 3$

BB: $a^2k^2 + b^2 = d^2$ — Einsetzen in die BB

$24k^2 + 12 = (3k + 3)^2$

$24k^2 + 12 = 89k^2 + 18k + 9$

$15k^2 - 18k + 3 = 0 \quad |: 3$

$5k^2 - 6k + 1 = 0$

$k_{1,2} = \frac{6 \pm \sqrt{36 - 4 \cdot 5 \cdot 1}}{10} = \frac{6 \pm 4}{10}$

$k_1 = \frac{2}{10} = \frac{1}{5}, \ k_2 = 1$

$d_1 = 3 \cdot \frac{1}{5} + 3 = \frac{18}{5} \qquad d_2 = 3 \cdot 1 + 3 = 6$

t_1: $y = \frac{1}{5}x + \frac{18}{5} \qquad t_2$: $y = x + 6$

Berechne den Schnittwinkel zwischen der Ellipse $x^2 + 4y^2 = 8$ und dem Kreis $k[(0/0); \sqrt{5}]$
Beachte: Der Schnittwinkel ist der Winkel, den die Tangenten im Schnittpunkt einschließen.

Berechnung des Schnittpunkts:

$$\left.\begin{array}{l} \text{ell: } x^2 + 4y^2 = 8 \\ \text{k: } x^2 + y^2 = 5 \end{array}\right\} -$$

$3y^2 = 3 \qquad$ aus k: $x^2 + 1 = 5$

$y^2 = 1 \qquad x^2 = 4$

$y = \pm 1 \qquad x = \pm 2$

Es gibt 4 Schnittpunkte. Für die weitere Berechnung genügt allerdings die Betrachtung in einem Punkt, z. B. $S_1(2/1)$.

$x^2 + 4y^2 = 8$ Für die Berechnung der Steigung in einem Punkt der ell wird implizit differenziert.

$2x + 8y \cdot y' = 0$

$y' = -\frac{2x}{8y} = -\frac{x}{4y}$

in S_1: $k = -\frac{2}{4} = -\frac{1}{2}$ $\vec{a} = \begin{pmatrix} 1 \\ -\frac{1}{2} \end{pmatrix}$ $|\vec{a}| = \sqrt{1^2 + \left(-\frac{1}{2}\right)^2} = \sqrt{\frac{5}{4}}$

$x^2 + y^2 = 5$ Für die Berechnung der Steigung in einem Punkt des Kreises wird implizit differenziert.

$2x + 2y \cdot y' = 0$

$y' = -\frac{x}{y}$

in S_1: $k = -\frac{2}{1} = -2$ $\vec{b} = \begin{pmatrix} 1 \\ -2 \end{pmatrix}$ $|\vec{b}| = \sqrt{1^2 + (-2)^2} = \sqrt{5}$

$\cos\varphi = \frac{\vec{a} \cdot \vec{b}}{|\vec{a}| \cdot |\vec{b}|}$

$\cos\varphi = \frac{\begin{pmatrix} 1 \\ -\frac{1}{2} \end{pmatrix} \cdot \begin{pmatrix} 1 \\ -2 \end{pmatrix}}{\sqrt{\frac{5}{4}} \cdot \sqrt{5}} = \frac{2}{\sqrt{\frac{5}{4}} \cdot \sqrt{5}}$ $\rightarrow \varphi = 36{,}869..° = 36{,}87°$

Der Kreis schneidet die Ellipse unter einem Winkel von 36,87°.

Die Hyperbel (hyp)

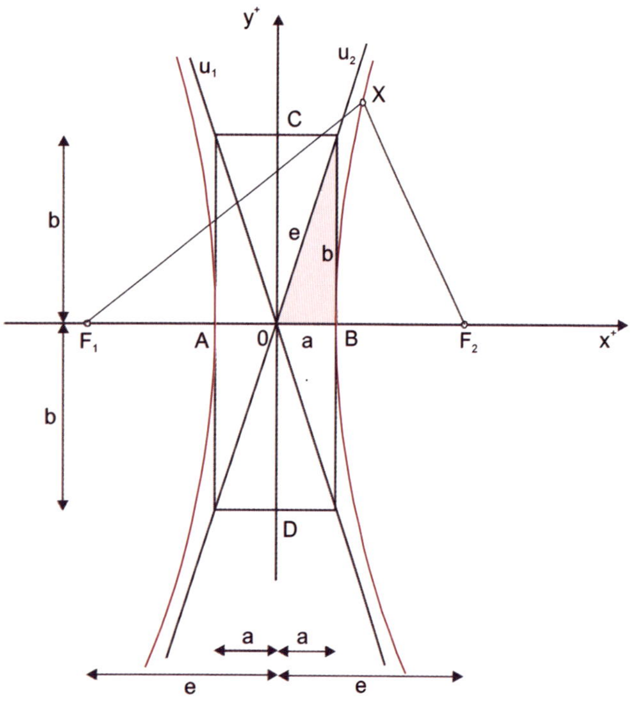

A, B … Hauptscheitel
C, D … Nebenscheitel
F_1, F_2 … Brennpunkte

AB … Hauptachse mit der Länge 2a
CD … Nebenachse (Länge 2b)

u_1, u_2 … Asymptoten
XF_1, XF_2 … Brennstrecken

e … lineare Exzentrizität

$e^2 = a^2 + b^2$

Es gilt:
$\left|\overrightarrow{XF_1} - \overrightarrow{XF_2}\right| = 2a \quad \forall X \in hyp$
Die Differenz der Brennstrecken ist 2a.

Für eine Hyperbel in 1. Hauptlage (Hauptachse liegt in der x-Achse) gilt:
$A(-a/0)$, $B(a/0)$, $C(0/b)$, $D(0/-b)$, $F_1(-e/0)$, $F_2(e/0)$, u_1: $y = -\frac{b}{a}x$, u_2: $y = \frac{b}{a}x$

Gleichung der Hyperbel in 1. Hauptlage

$b^2x^2 - a^2y^2 = a^2b^2$ oder $\frac{x^2}{a^2} - \frac{y^2}{b^2} = 1$

Beachte: Ist a = b, so spricht man von einer gleichseitigen Hyperbel.

Gib die Gleichung der Hyperbel an, die durch die Punkte P(–2/1) und Q(7/4) verläuft. Gib auch die Gleichung der Asymptoten an!

$\frac{x^2}{a^2} - \frac{y^2}{b^2} = 1$ Gleichung der hyp

P∈hyp: $\frac{4}{a^2} - \frac{1}{b^2} = 1 \quad |\cdot(-16)$

Q∈hyp: $\frac{49}{a^2} - \frac{16}{b^2} = 1$

$$\left.\begin{aligned} -\frac{64}{a^2} - \frac{16}{b^2} &= -16 \\ \frac{49}{a^2} - \frac{16}{b^2} &= 1 \end{aligned}\right\} +$$

$$-\frac{15}{a^2} = -15$$

$$a^2 = 1, \quad a = 1$$

aus der ersten Gleichung

$$\frac{4}{1} - \frac{1}{b^2} = 1$$

$$-\frac{1}{b^2} = -3$$

$$b^2 = \frac{1}{3}$$

$$b = \sqrt{\frac{1}{3}} = \frac{1}{\sqrt{3}} = \frac{\sqrt{3}}{3}$$

hyp: $\frac{x^2}{1} - \frac{y^2}{\frac{1}{3}} = 1$

$$x^2 - 3y^2 = 1$$

Asymptoten: $u_{1,2}: y = \pm \frac{b}{a} x$

$$y = \pm \frac{\frac{\sqrt{3}}{3}}{1} x$$

$$y = \pm \frac{\sqrt{3}}{3} x$$

Von einer Hyperbel kennt man die Gleichungen der Asymptoten $y = \pm \frac{2}{3} x$ und einen Punkt P(3/–1). Gib die Gleichung der Hyperbel an!

$y = \pm \frac{2}{3} x$ allgemeine Gleichung der Asymptoten $y = \pm \frac{b}{a} x$

$$\frac{2}{3} = \frac{b}{a}$$

$$b = \frac{2}{3} a$$

P∈hyp $\quad b^2x^2 - a^2y^2 = a^2b^2$

$$9b^2 - a^2 = a^2b^2 \qquad b = \frac{2}{3} a \rightarrow b^2 = \frac{4}{9} a^2$$

$$9 \cdot \frac{4}{9} a^2 - a^2 = a^2 \cdot \frac{4}{9} a^2$$

$$4a^2 - a^2 = \frac{4}{9} a^4$$

$$3a^2 = \frac{4}{9} a^4$$

$$\frac{4}{9} a^4 - 3a^2 = 0$$

$$a^2 \cdot \left(\frac{4}{9} a^2 - 3\right) = 0$$

$$\underbrace{(a^2 = 0)}_{\text{nicht sinnvoll}} \text{ oder } \left(\frac{4}{9} a^2 - 3 = 0\right)$$

$$\frac{4}{9} a^2 = 3$$

$$a^2 = \frac{27}{4} \rightarrow b^2 = \frac{4}{9} \cdot \frac{27}{4} = 3$$

Gleichung der hyp: $3x^2 - \frac{27}{4} y^2 = 3 \cdot \frac{27}{4} = 81$

$$12x^2 - 27y^2 = 81$$

$$4x^2 - 9y^2 = 27$$

Hyperbel – Gerade

Berührbedingung für die Gerade $y = kx + d$ und einer Hyperbel in 1. Hauptlage

BB: $a^2k^2 - b^2 = d^2$

Tangente in einem Punkt $T(x_T/y_T)$ der Hyperbel in 1. Hauptlage

$b^2x \cdot x_T - a^2y \cdot y_T = a^2b^2$ Spaltform

Gib die Gleichung der Tangente im Punkt $T(x_T > 0/20)$ der hyp $5x^2 - 4y^2 = 20$ an!

P∈hyp: $5x^2 - 4 \cdot 20^2 = 20$ Berechnung von x_T

$5x^2 = 1620$

$x^2 = 324$

$x = \pm 18 \rightarrow P(18/20)$

t: $5x \cdot x_T - 4y \cdot y_T = 20$ Spaltform

$5x \cdot 18 - 4y \cdot 20 = 20$

$90x - 80y = 20 \quad |: 10$

t: $9x - 8y = 2$

Berechne die Gleichung der Tangenten, die man vom Punkt P(7,5/–7) an die hyp: $\frac{4}{9}x^2 - y^2 = 1$ legen kann.

t: $y = kx + d$

P∈t: $-7 = 7{,}5k + d \rightarrow d = -7{,}5k - 7$

Berechnung von a^2 und b^2

$\frac{4}{9}x^2 - y^2 = 1$

$\frac{4x^2}{9} - y^2 = 1$

$\frac{x^2}{\frac{9}{4}} - y^2 = 1 \rightarrow a^2 = \frac{9}{4},\ b^2 = 1$

BB: $a^2k^2 - b^2 = d^2$

$\frac{9}{4} \cdot k^2 - 1 = (-7{,}5k - 7)^2$

$\frac{9}{4}k^2 - 1 = 56{,}25k^2 + 105k + 49$

$54k^2 + 105k + 50 = 0$

$k_{1,2} = \frac{-105 \pm \sqrt{11025 - 4 \cdot 54 \cdot 50}}{108} = \frac{-105 \pm \sqrt{225}}{108} = \frac{-105 \pm 15}{108}$

$k_1 = -\frac{120}{108} = -\frac{10}{9}$ $\qquad k_2 = -\frac{90}{108} = -\frac{5}{6}$

$d_1 = -7{,}5 \cdot (-\frac{10}{9}) - 7$ $\qquad d_2 = -7{,}5 \cdot (-\frac{5}{6}) - 7$

$d_1 = \frac{4}{3}$ $\qquad d_2 = -\frac{4}{3}$

t_1: $y = -\frac{10}{9}x + \frac{4}{3}$ $\qquad t_2$: $y = -\frac{5}{6}x - \frac{3}{4}$

$9y = -10x + 12$ $\qquad 12y = -10x - 9$

$10x + 9y = 12$ $\qquad 10x + 12y = -9$

Die Parabel (par)

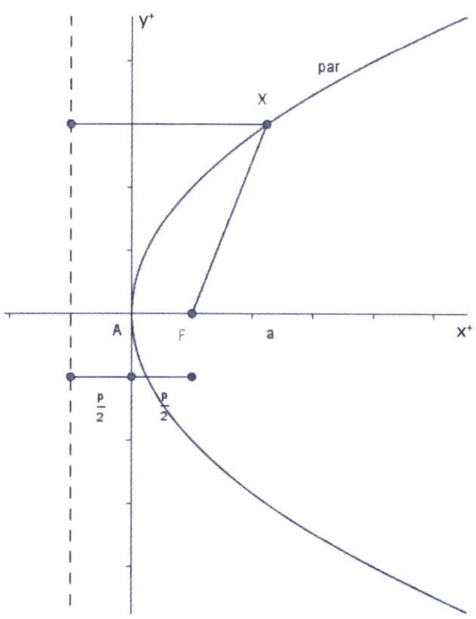

A … Scheitel, F … Brennpunkt

l … Leitgerade

Xl … Leitstrecke

XF …Brennstrecke

Abstand Fl = p, Abstand AF = e

p … Parameter

$e = \frac{p}{2}$

a … Achse der par

$\overline{X1} = \overline{XF}$

Die Länge der Leitstrecke (Abstand Leitgerade zum Punkt P) ist gleich der Länge der Brennstrecke (Abstand des Punktes X zum Brennpunkt F).

Für die Gleichung der Parabel in 1. Hauptlage (die Achse a fällt mit der x-Achse zusammen, der Scheitel liegt im Ursprung, der Brennpunkt liegt auf dem positiven Teil der x-Achse) gilt:

Parabel in 1. Hauptlage $y^2 = 2px$

Im Gegensatz zur Ellipse und Hyperbel sind die weiteren Hauptlagen (insbesondere die 2. Hauptlage) doch manchmal von Bedeutung.

Übersicht:

Parabel in 1. Hauptlage

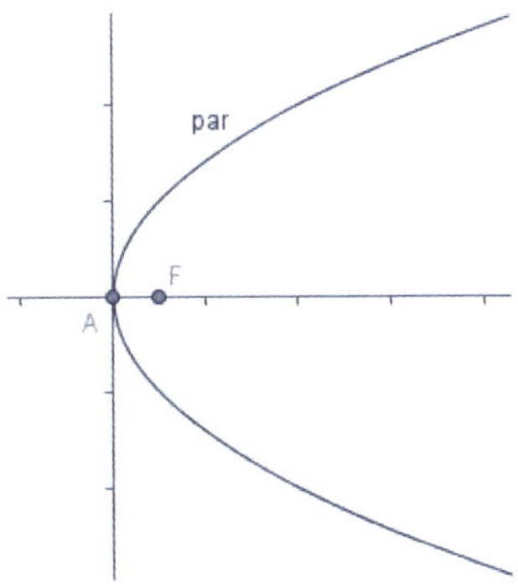

A(0/0), F(e/0) bzw. F($\frac{p}{2}$/0)
$y^2 = 2px$

Parabel in 2. Hauptlage

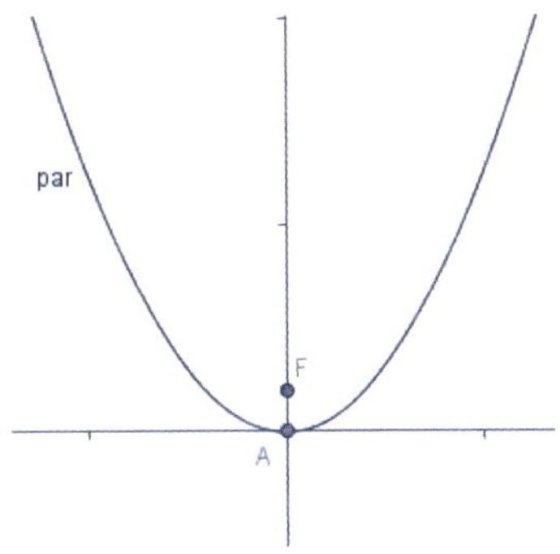

A(0/0), F(0/e) bzw. F(0/$\frac{p}{2}$)
$x^2 = 2py$

Parabel in 3. Hauptlage

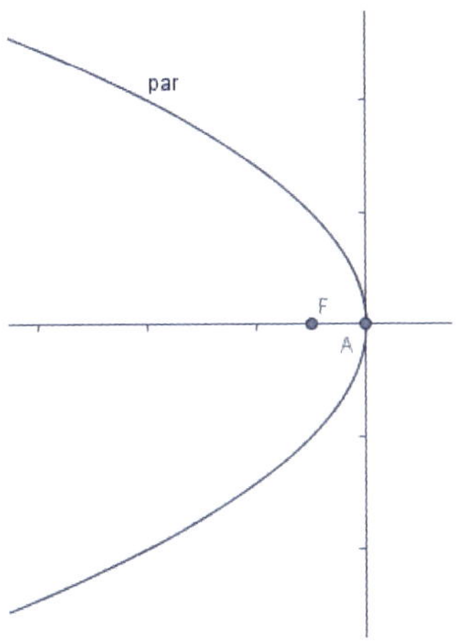

A(0/0), F(–e/0) bzw. F($-\frac{p}{2}$/0)
$y^2 = -2px$

Parabel in 4. Hauptlage

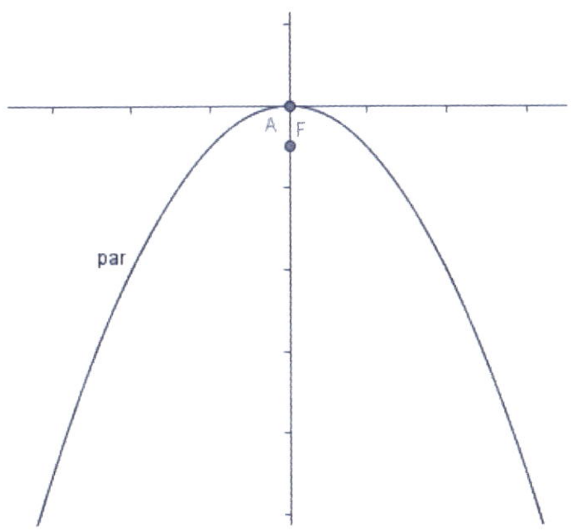

A(0/0), F(0/–e) bzw. F(0/$-\frac{p}{2}$)
$x^2 = -2py$

Von einer Parabel in 1. Hauptlage kennt man den Punkt P(2/4). Gib die Gleichung der Parabel an!

par $y^2 = 2px$

$16 = 2p \cdot 2$

$p = 4$ $\qquad y^2 = 8x$

Von einer Parabel kennt man den Brennpunkt F. Gib die Gleichung der Parabel an!

a) $F(5/0)$ Auf Grund der Koordinaten von F ergibt sich eine 1. Hauptlage.

$F(\frac{p}{2}/0) \quad \rightarrow \frac{p}{2} = 5$

$p = 10$

$y^2 = 2px$

$y^2 = 20x$

b) $F(0/3)$ Aus den Koordinaten von F → 2. Hauptlage.

$F(0/\frac{p}{2}) \quad \rightarrow \frac{p}{2} = 3$

$p = 6$

$x^2 = 2py$

$x^2 = 12y$

Parabel – Gerade

Berührbedingung für die Gerade $y = kx + d$ und einer Parabel in 1. Hauptlage

BB: $p = 2kd$

Tangente in einem Punkt $T(x_T/y_T)$ der Parabel in 1. Hauptlage

$y^2 = 2px = px + px = p \cdot (x + x)$

$y^2 = p \cdot (x + x)$

$y \cdot y_T = p \cdot (x + x_T)$ Spaltform

Gib die Gleichung der Tangenten im Punkt $T(9/y_T > 0)$ der Parabel $y^2 = 4x$ an!

P∈par $y^2 = 4 \cdot 9 = 36$

$y = \pm 6 \quad \rightarrow y = 6$ $T(9/6)$

t: $y \cdot y_T = p \cdot (x + x_T)$ $y^2 = 4x \rightarrow p = 2$

$y \cdot 6 = 2 \cdot (x + 9)$

$6y = 2x + 18$

$2x - 6y = 18$

$x - 3y = -9$

Berechne die Gleichung der Tangenten, die man vom Punkt $P(-4/2)$ aus an die Parabel $y^2 = 8x$ legen kann.

P∈t: $y = kx + d$

$2 = -4k + d \quad \rightarrow d = 4k + 2$

BB: $p = 2kd$ $y^2 = 8x \rightarrow p = 4$

$4 = 2k \cdot (4k + 2)$

$4 = 8k^2 + 4k$

$8k^2 + 4k - 4 = 0$

$2k^2 + 2k - 1 = 0$

$k_{1,2} = \frac{-1 \pm \sqrt{1 - 4 \cdot 2 \cdot (-1)}}{4} = \frac{-1 \pm \sqrt{9}}{4} = \frac{-1 \pm 3}{4}$

$k_1 = -1$ $k_2 = \frac{1}{2}$

$d_1 = 4 \cdot (-2) + 2$
$d_1 = -2$
t_1: $y = -x + 2$
$x + y = -2$

$d_2 = 4 \cdot \frac{1}{2} + 2$
$d_2 = 4$
t_2: $y = \frac{1}{2}x + 4$
$x - 2y = -8$

In den Schnittpunkten der Geraden g : $y = -x + 3$ mit der Parabel $y^2 = 4x$ werden Tangenten gelegt. Wie groß ist der Flächeninhalt des Dreiecks, das von der Geraden g und den beiden Tangenten gebildet wird?

Berechnung der Schnittpunkte
par $y^2 = 4x$
g: $y = -x + 3$
$(-x + 3)^2 = 4x$
$x^2 - 6x + 9 = 4x$
$x^2 - 10x + 9 = 0$
$x_{1,2} = 5 \pm \sqrt{25 - 9} = 5 \pm 4$
$x_1 = 1$ $x_2 = 0$
$y_1 = -1 + 3$ $y_2 = -9 + 3$
$y_1 = 2$ $y_2 = -6$
$T_1(1/2)$ $T_2(9/-6)$

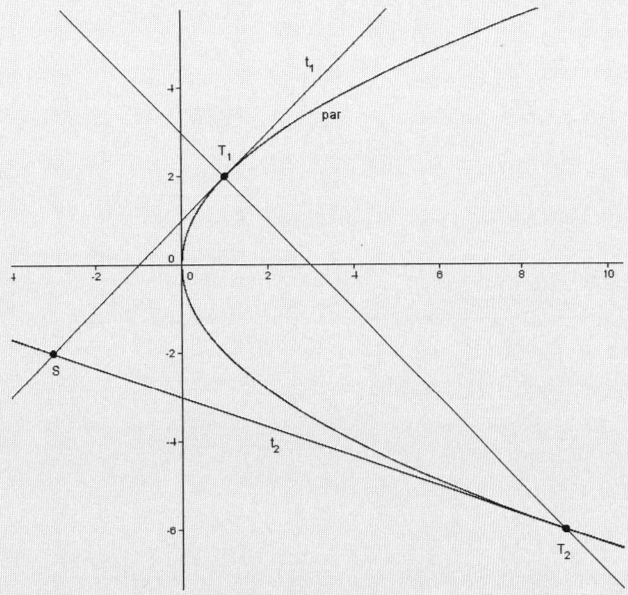

t: $y \cdot y_T = p \cdot (x + x_T)$
t_1: $2y = 2 \cdot (x + 1)$
$2y = 2x + 2$
$y = x + 1$
$x - y = -1$

t_2: $-6y = 2 \cdot (x + 9)$
$-6y = 2x + 18$
$2x + 6y = -18$
$x + 3y = -9$

Schnittpunkt der Tangenten
t_1 $x - y = -1$ aus t_1 $x + 2 = -1$
t_2 $x + 3y = -9$ $x = -3$ → $S(-3/-2)$
$-4y = 8$
$y = -2$

Berechnung der Dreiecksfläche mit Hilfe des Vektorprodukts (siehe Aufsteigen in Mathematik, 6. Klasse, Kapitel Analytische Geometrie).

$\overrightarrow{ST_1} = \begin{pmatrix} 4 \\ 4 \end{pmatrix}$ $\overrightarrow{ST_2} = \begin{pmatrix} 12 \\ -4 \end{pmatrix}$

Für das Vektorprodukt braucht man die Vektoren im Raum ($\mathbb{R}^3$). Es gilt dann

bzw. $\overrightarrow{ST_1} = \begin{pmatrix} 4 \\ 4 \\ 0 \end{pmatrix}$ $\overrightarrow{ST_2} = \begin{pmatrix} 12 \\ -4 \\ 0 \end{pmatrix}$

$\overrightarrow{ST_1} \times \overrightarrow{ST_2} = \begin{pmatrix} 4 \\ 4 \\ 0 \end{pmatrix} \times \begin{pmatrix} 12 \\ -4 \\ 0 \end{pmatrix} = \begin{vmatrix} 4 & 12 \\ 4 & -4 \end{vmatrix} = -16 - 48 = -64$

$A = \frac{1}{2} \cdot \left|\overrightarrow{ST_1} \times \overrightarrow{ST_2}\right|$
$A = \frac{1}{2} \cdot 64$
$A = 32$ FE

Berechne den Schnittwinkel zwischen dem Kreis k[(M0/0); r = 6] und der Parabel $y^2 = 9x$!

Berechnung eines Schnittpunkts

k: $x^2 + y^2 = 36$

par: $y^2 = 9x$

$x^2 + 9x = 36$

$x^2 + 9x - 36 = 0$

$x = -4{,}5 \pm \sqrt{20{,}25 + 36} = -4{,}5 \pm \sqrt{56{,}25} = -4{,}5 \pm 7{,}5$

$x_1 = -12$ $\quad x_2 = 3$ $\quad x_1$ kann nicht Lösung sein, da bei einer Parabel in 1. Hauptlage nur positive x-Werte möglich sind.

$y^2 = 9 \cdot 3$

$y^2 = 27$

$y = \pm\sqrt{27} = \pm 3\sqrt{3}$

Es ergeben sich 2 Punkte. Für die Berechnung des Schnittwinkels genügt aber die Betrachtung eines Punktes z. B. $S(3/3\sqrt{3})$

Berechnung des Anstiegs im Punkt S

k: $x^2 + y^2 = 36$ implizit Differenzieren

$2x + 2y \cdot y' = 0$

$y' = -\frac{x}{y}$

$k = -\frac{3}{3\sqrt{3}} = -\frac{1}{\sqrt{3}} = -\frac{\sqrt{3}}{3}$ $\qquad \vec{a} = \begin{pmatrix} 1 \\ -\frac{\sqrt{3}}{3} \end{pmatrix}$ $\qquad |\vec{a}| = \sqrt{1 + \frac{1}{3}} = \sqrt{\frac{4}{3}}$

par: $y^2 = 9x$ implizit Differenzieren

$2y \cdot y' = 9$

$y' = \frac{9}{2y}$

$k = \frac{9}{2 \cdot 3\sqrt{3}} = \frac{3}{2 \cdot \sqrt{3}} = \frac{3 \cdot \sqrt{3}}{2 \cdot 3} = \frac{\sqrt{3}}{2}$ $\qquad \vec{b} = \begin{pmatrix} 1 \\ \frac{\sqrt{3}}{2} \end{pmatrix}$ $\qquad |\vec{b}| = \sqrt{1 + \frac{3}{4}} = \sqrt{\frac{7}{4}}$

$\cos\varphi = \frac{\vec{a} \cdot \vec{b}}{|\vec{a}| \cdot |\vec{b}|}$

$\cos\varphi = \frac{\begin{pmatrix} 1 \\ -\frac{\sqrt{3}}{3} \end{pmatrix} \cdot \begin{pmatrix} 1 \\ \frac{\sqrt{3}}{2} \end{pmatrix}}{\sqrt{\frac{4}{3}} \cdot \sqrt{\frac{7}{4}}} = \frac{1 - \frac{3}{6}}{\sqrt{\frac{5}{4}} \cdot \sqrt{\frac{7}{4}}} = \frac{\frac{1}{2}}{\sqrt{\frac{5}{4}} \cdot \sqrt{\frac{7}{4}}} =$ $\quad \rightarrow \varphi = 70{,}893..° = 70{,}89°$

Ellipse, Hyperbel, Parabel

1 Stelle die Gleichung der Ellipse in 1. Hauptlage auf, die durch die Punkte A(8/3) und B(–6/4) verläuft. Berechne a, b und e und gib die Koordinaten der Scheitelpunkte bzw. der Brennpunkte an.

---

2 Von einer Ellipse kennt man die die Länge der Hauptachse 2a = 10 und den Punkt P(3/–2). Ermittle die Gleichung der Ellipse.

---

3 Gib die Tangenten im Punkt $P(6/y_P > 0)$ der Ellipse $x^2 + 4y^2 = 100$ an!

---

4 Vom Punkt P(7/–2) werden Tangenten an die Ellipse $\frac{x^2}{16} + \frac{y^2}{9} = 1$ gelegt. Bestimme die Gleichungen der Tangenten! Welchen Winkel schließen diese ein?

---

5 Eine Gerade verläuft durch die Punkte P(7/–5) und Q(3/4). Um welchen Winkel muss die Gerade um P gedreht werden, damit sie Tangente an die Ellipse $x^2 + 5y^2 = 25$ wird?

---

6 Gegeben ist die Ellipse $9x^2 + 25y^2 = 225$ und die Gerade g: $y = \frac{5}{4}x + 4$. Wie lautet die Gleichung der Tangenten, die normal zur Geraden verlaufen?

---

7 Von einer Ellipse kennt man a = 3 und b = 2. Ermittle die Ellipsengleichung!
Die Ellipse wird mit der Geraden g: $4x + 3y = 12$ geschnitten. In den Schnittpunkten werden die Tangenten gelegt. Wie groß ist der Flächeninhalt des Dreiecks, das von der Ellipsensehne und von den Tangenten begrenz wird?

---

8 Unter welchem Winkel schneiden einander die Ellipse $x^2 + 4y^2 = 100$ und der Kreis $(x - 11{,}5)^2 + (y - 12{,}5)^2 = 102{,}5$?

---

9 Gib die Gleichung der Hyperbel an, die durch die Punkte P(4/–3) und Q(6/6) verläuft.

---

10 Von einer Hyperbel kennt man die Gleichungen der Asymptoten $y = \pm\frac{\sqrt{3}}{3}x$ und einen Punkt P(–2/1). Gib die Gleichung der Hyperbel an!

---

11 Von einer Hyperbel kennt man a = 6 und b = 4. Gib die Gleichung der Hyperbel und der Asymptoten an! Welchen Winkel schließen die Asymptoten ein?

12 Gegeben ist die Ellipse $4x^2 - 16y^2 = 9$ und die Gerade g: $y = \frac{5}{8}x + 7$. Wie lautet die Gleichung der Tangenten, die parallel zur Geraden verlaufen?

13 Berechne die Gleichung der Tangenten, die man vom Punkt P(7,5/7) an die Hyperbel $\frac{4x^2}{9} - y^2 = 1$ legen kann.

14 Von einer Parabel in 1. Hauptlage kennt man den Punkt P(6/–3). Gib die Gleichung der Parabel an!

15 Von einer Parabel kennt man den Brennpunkt F. Gib die Gleichung der Parabel an!

a) F(0/2) **b)** F(0/–5) **c)** F(3/0) **d)** F(–1,5/0)

16 Gib die Gleichung der Tangenten im Punkt $T(4/y_T > 0)$ der Parabel $y^2 = 16x$ an!

17 Eine Gerade g: $y = -\frac{1}{2}x + 12$ berührt eine Parabel in 1. Hauptlage. Gib die Gleichung der Parabel an?

18 Berechne die Gleichung der Tangenten, die man vom Punkt P(–6/1) aus an die Parabel $y^2 = 4x$ legen kann. Welchen Winkel schließen diese ein? Berechne auch die Tangentenberührungspunkte. Welchen Flächeninhalt hat das Dreieck PT_1T_2?

19 Von einer Ellipse kennt man a = 5 und b = 3. Gib die Ellipsengleichung an! Von einer zur Ellipsen konfokalen Hyperbel kennt man die Asymptote $y = \pm \frac{\sqrt{3}}{3}x$. Berechne die Gleichung der Hyperbel und zeige, dass die beiden Kurven einander rechtwinklig schneiden.
Anmerkung: Konfokale Kegelschnitte haben den gleichen Brennpunkt.

20 Berechne den Schnittwinkel zwischen dem Kreis k[(M0/0); r = 5] und der Ellipse $4x^2 + 9y^2 = 180$.

Die Kugel

Definition

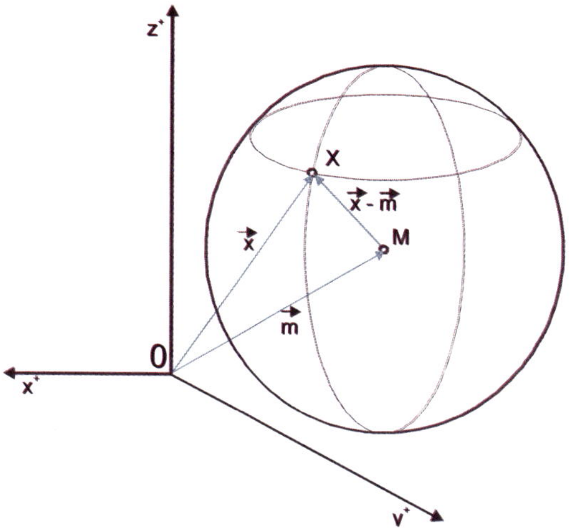

Für jede Kugel mit dem Mittelpunkt M und dem Radius r gilt:

$\overline{MX} = r$

Aus der Definition ergibt sich die Gleichung einer Kugel:

$|\overrightarrow{MX}| = r \quad |^2 \qquad \text{mit } \overrightarrow{MX} = \begin{pmatrix} x - x_M \\ y - y_M \\ z - z_M \end{pmatrix}$

Gleichung der Kugel

$(X - M)^2 = r^2$ in Vektorform

$(x - x_M)^2 + (y - y_M)^2 + (z - z_M)^2 = r^2$ in Koordinatenform

Anmerkung: Für eine Kugel, deren Mittelpunkt im Ursprung liegt, gilt:

$X^2 = r^2$ bzw.

$x^2 + y^2 + z^2 = r^2$

Ermittle die Koordinaten des Mittelpunkts und den Radius der Kugel

$x^2 + y^2 + z^2 - 6x + 4y - 2z = 11$

Verwandle durch Ergänzung auf jeweils ein vollständiges Quadrat in die Koordinatenform

$x^2 - 6x \quad + y^2 + 4y \quad + z^2 - 2z \quad = 11$

$\quad +9 \quad\quad +4 \quad\quad +1 \quad\quad +9+4+1$

$x^2 - 6x + 9 + y^2 + 4y + 4 + z^2 - 2z + 1 = 25$

$(x - 3)^2 + (y + 2)^2 + (z - 1)^2 = 25$

$\rightarrow M(3/-2/1),\ r = 5$

Gib die Gleichung der Kugel an, die die Punkte A(–3/2/5) und B(5/4/–1) zum Durchmesser hat!

Wenn AB der Durchmesser ist, dann muss der Mittelpunkt der Kugel mit dem Halbierungspunkt von AB übereinstimmen.

$M = H_{AB}(1/3/2) \qquad x = \frac{-3+5}{2} = 1,\ y = \frac{2+4}{2} = 3,\ z = \frac{5-1}{2} = 2$

Der Radius ist die Länge des Vektors $\overrightarrow{MA}$ bzw. $\overrightarrow{MB}$

$\overrightarrow{MA} = \begin{pmatrix} -4 \\ -1 \\ 3 \end{pmatrix} \qquad |\overrightarrow{MA}| = \sqrt{16 + 1 + 9} = \sqrt{26}$

Kugelgleichung: $\left[X - \begin{pmatrix} 1 \\ 3 \\ 2 \end{pmatrix}\right]^2 = 26$

Berechne die Schnittpunkte der Geraden g: $X = \begin{pmatrix} 1 \\ -2 \\ 3 \end{pmatrix} + t \cdot \begin{pmatrix} 1 \\ 2 \\ 0 \end{pmatrix}$ mit der Kugel k: $(x + 2)^2 + y^2 + (z - 1)^2 = 20$!

$g \cap k$: $x = 1 + 1 \cdot t$ Koordinatenform von g

$y = -2 + 2 \cdot t$

$z = 3$

k: $(1 + t + 2)^2 + (-2 + 2t)^2 + (3 - 1)^2 = 20$ einsetzen in k

$(3 + t)^2 + (-2 + 2t)^2 + 4 = 20$

$9 + 6t + t^2 + 4 - 8t + 4t^2 + 4 = 20$

$5t^2 - 2t - 3 = 0$

$t_{1,2} = \frac{2 \pm \sqrt{4 - 4 \cdot 5 \cdot (-3)}}{10} = \frac{2 \pm \sqrt{64}}{10} = \frac{2 \pm 8}{10}$

$t_1 = -\frac{6}{10} = -\frac{3}{5}$ $t_2 = \frac{10}{10} = 1$

in g einsetzen:

$x = 1 - \frac{3}{5} = \frac{2}{5}$ $x = 1 + 1 = 2$

$y = -2 + 2 \cdot (-\frac{3}{5}) = -\frac{16}{5}$ $y = -2 + 2 = 0$

$z = 3$ $z = 3$

$S_1(\frac{2}{5} / -\frac{16}{5} / 3)$ $S_2(2/0/3)$

Tangentialebene

Die Aufgabe, in einem Punkt einer Kugel eine Tangente anzugeben, ist nicht sinnvoll, da es unendlich viele Möglichkeiten gibt. In jedem Punkt der Kugel existiert aber genau eine Tangentialebene, das ist eine Ebene, die einen gegebenen Punkt der Kugel berührt.

Gib für die Kugel $(x + 2)^2 + y^2 + (z - 1)^2 = 20$ die Tangentialebene im Punkt $S_2(2/0/3)$ an!

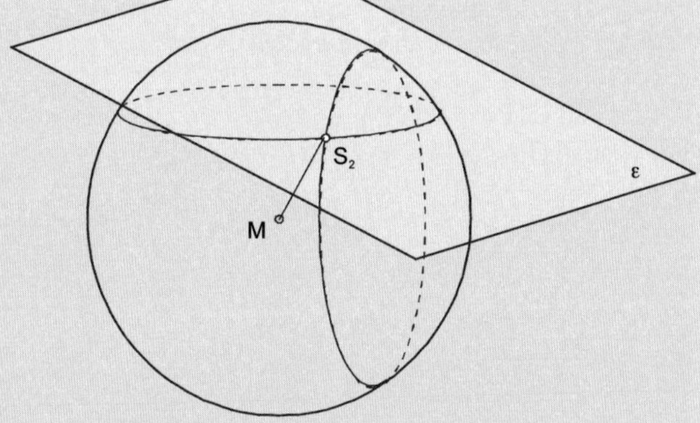

Der Vektor $\overrightarrow{MS_2}$ ist ein Normalvektor der Tangentialebene durch S_2

M(−2/0/1)

$\overrightarrow{MS_2} = \begin{pmatrix} 4 \\ 0 \\ 2 \end{pmatrix}$

ε: $4x + 0 \cdot y + 2z = d$ Gleichung der Ebene in Normalvektorform $ax + by + cz = d$ wobei $\begin{pmatrix} a \\ b \\ c \end{pmatrix}$ ein Normalvektor ist.

S_2 liegt auf ε

$4 \cdot 2 + 2 \cdot 3 = d$

$d = 14$

ε: $4x + 2z = 14$

Ermittle die Gleichung der Kugel, die die Ebene ε_1: $2x + y - 2z = 35$ im Punkt $T(12/y_T/-6)$ berührt und durch den Punkt $P(-4/3/-2)$ verläuft!

Berechnung der fehlenden Koordinate von T

$T \in \varepsilon$: $\quad 2 \cdot 12 + y_T - 2 \cdot (-6) = 35$

$y_T = -1 \quad \rightarrow T(12/-1/-6)$

M muss auf einer Geraden liegen, die normal auf die Tangentialebene ε steht und durch T verläuft.

aus ε_1: $\rightarrow \vec{n}_\varepsilon = \begin{pmatrix} 2 \\ 1 \\ -2 \end{pmatrix}$ Normalvektor der Ebene = Richtungsvektor der Geraden

$g\colon\ X = \begin{pmatrix} 12 \\ -1 \\ -6 \end{pmatrix} + t \cdot \begin{pmatrix} 2 \\ 1 \\ -2 \end{pmatrix}$

M muss aber auch in einer Ebene liegen, die durch den Halbierungspunkt der Strecke $\overline{PT}$ verläuft und auf diese normal steht (Symmetrieebene).

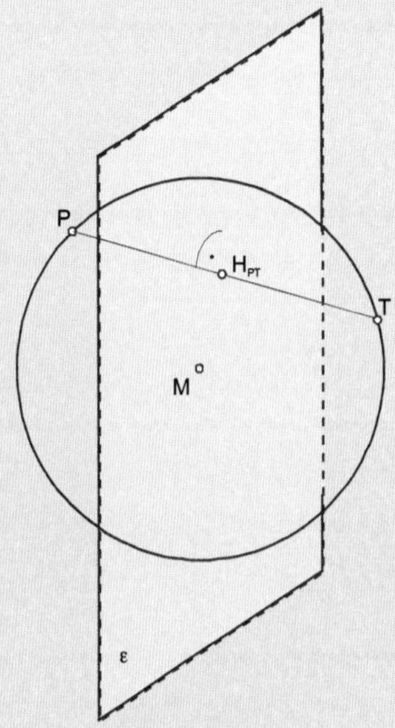

$\overrightarrow{PT} = \begin{pmatrix} 16 \\ -4 \\ -4 \end{pmatrix}$ ... Normalvektor

$H_{PT}(4/1/-4) \qquad x = \frac{-4+12}{2} = 4,\ y = \frac{3-1}{2} = 1,\ z = \frac{-2-6}{2} = -4$

ε: $16x - 4y - 4z = d$

$H_{PT} \in \varepsilon$: $16 \cdot 4 - 4 \cdot 1 - 4 \cdot (-4) = d$

$d = 76$

ε: $16x - 4y - 4z = 76$

$4x - y - z = 19$

$\varepsilon \cap g = \{M\}$

$g\colon \begin{cases} x = 12 + 2t \\ y = -1 + t \\ z = -6 - 2t \end{cases}$ einsetzen in ε

$4 \cdot (12 + 2t) - (-1 + t) - (-6 - 2t) = 19$

$9t = -36$

$t = -4$

aus g: $x = 12 + 2 \cdot (-4) = 4$

$y = -1 + (-4) = -5 \qquad M(4/-5/2)$

$z = -6 - 2 \cdot (-4) = 2$

$r = |\overrightarrow{MP}| \qquad \overrightarrow{MP} = \begin{pmatrix} -8 \\ 8 \\ -4 \end{pmatrix} \qquad r = \sqrt{64 + 64 + 16} = 12$

k: $(x - 4)^2 + (y + 5)^2 + (z - 2)^2 = 144$

Die Kugel

1 Gib die Gleichung der Kugel in Koordinatenform bzw. in Vektorform an!

a) M(0/0/0), r = 10 **b)** M(1/–2/3), r = 7

---

2 Ermittle die Koordinaten des Mittelpunkts und den Radius der Kugel

a) $x^2 + y^2 + z^2 - 10x - 4y = 35$ **b)** $x^2 + y^2 + z^2 + 8x + 2y - 4z - 60 = 0$

---

3 Gib die Gleichung der Kugel an, die die Punkte A(2/4/1) und B(14/6/9) zum Durchmesser hat!

---

4 Berechne die Schnittpunkte der Geraden g: $X = \begin{pmatrix} 1 \\ -1 \\ 4 \end{pmatrix} + t \cdot \begin{pmatrix} -1 \\ 1 \\ -2 \end{pmatrix}$ mit der Kugel k: $\left[X - \begin{pmatrix} 8 \\ -5 \\ 2 \end{pmatrix}\right]^2 = 81$. Gib die Tangentialebene im Punkt mit den ganzzahligen Koordinaten an!

---

5 Ermittle die Gleichung der Kugel, die durch die Punkt A(2/7/2), B(5/4/2), C(5/7/–1) verläuft und den Radius r = 9 hat!
Beachte: Bei dieser Aufgabe ergeben sich 2 Lösungen.

---

6 Ermittle die Gleichung der Kugel, die durch die Punkt A(–9/0/6), B(–3/–4/2), C(–1/8/2), D(5/0/–22).
Untersuche weiters welche Lage die Punkte P(–2/3/–2) und Q(8/–7/7) bezüglich dieser Kugel haben, d.h., ob sie innerhalb, außerhalb oder auf der Kugel liegen!

---

7 Ermittle die Gleichung der Kugel, die die Ebene ε_1: $2x + 5y + 14z = 177$ im Punkt $T(5/y_T/13)$ berührt und durch den Punkt P(8/2/9) verläuft!

Wahrscheinlichkeitsverteilung

Zufallsvariable

Definition

Eine Zufallsvariable X ist eine Funktion, die jedem Versuchsausgang genau eine reelle Zahl zuordnet. $X: \Omega \to \mathbb{R}: \quad X(A) = x_i$

Ergebnismenge (Ω) — Ereignis (A)

vereinfachte Schreibweise: $X = x_i$ Die Zufallsvariable X nimmt den Wert x_i an.

Beachte: Die Schreibweise $X = x_i$ entspricht der Schreibweise einer Funktion $y = f(x)$.

Man unterscheidet:

1. Diskrete Zufallsvariable
   Die Variable X nimmt nur endlich viele Werte an.
   z. B. Beim Würfelwurf stellt z. B. die Augenzahl den Wert der Zufallsvariablen X dar.
2. Kontinuierliche Zufallsvariable
   Die Zufallsvariable X nimmt alle Werte eines bestimmten Intervalls an.
   z. B. Körpergewicht eines Menschen

In diesem Kapitel werden nur diskrete Zufallsvariable besprochen, kontinuierliche Zufallsvariable werden erst in der 8. Klasse behandelt.

Die Wahrscheinlichkeit, mit der die Zufallsvariable X die Werte $x_1, x_2, \ldots x_i \ldots$ annimmt, wird als Verteilung der Zufallsvariable X (Wahrscheinlichkeitsverteilung) bezeichnet.

Die Verteilung wird festgelegt, indem man
- entweder für jedes x_i die Wahrscheinlichkeit $P(X = x_i)$ angibt.
- oder man gibt die Wahrscheinlichkeit $P(X \leq x)$ an, mit der die Zufallsvariable einen Wert $x_i \leq x$ mit $x \in \mathbb{R}$ annimmt.
  Diese Wahrscheinlichkeit wird aus der Summe der $P(X = x_i)$ aller $x_i \leq x$ gebildet.

Die Funktion

f: $\mathbb{R} \to [0; 1]: y = P(X = x_i)$ mit $i \in \mathbb{N}^*$ heißt Wahrscheinlichkeitsfunktion der diskreten Zufallsvariablen X.

F: f: $\mathbb{R} \to [0; 1]: y = P(X \leq x) = \sum_{x_i \leq x} f(x_i)$ mit $x \in \mathbb{R}$ heißt Verteilungsfunktion der diskreten Zufallsvariablen X.

Bei einer Qualitätskontrolle wird die Funktionsweise von CD-Roms überprüft. Auf einer Spindel befinden sich 50 CDs. Wie groß ist bei zufälliger Auswahl von 3 CDs die Wahrscheinlichkeit (a) keine (b) genau eine (c) genau 2 (d) genau 3 nicht einwandfrei funktionierende CD bzw. CDs zu erhalten, wenn man aus Erfahrung weiß, dass 10% aller CDs Fehler aufweisen?

Erinnere dich an die 6. Klasse. Solche Aufgaben werden mit Hilfe eines Baumdiagrams gelöst.

Setze z. B. 1 für Treffer, d. h. die CD ist nicht in Ordnung.
Die Wahrscheinlichkeit P(1) = 10% = 0,1
0 für keinen Fehler, die CD ist in Ordnung: P(0) = 1 – 0,1 = 0,9 (Gegenwahrscheinlichkeit)

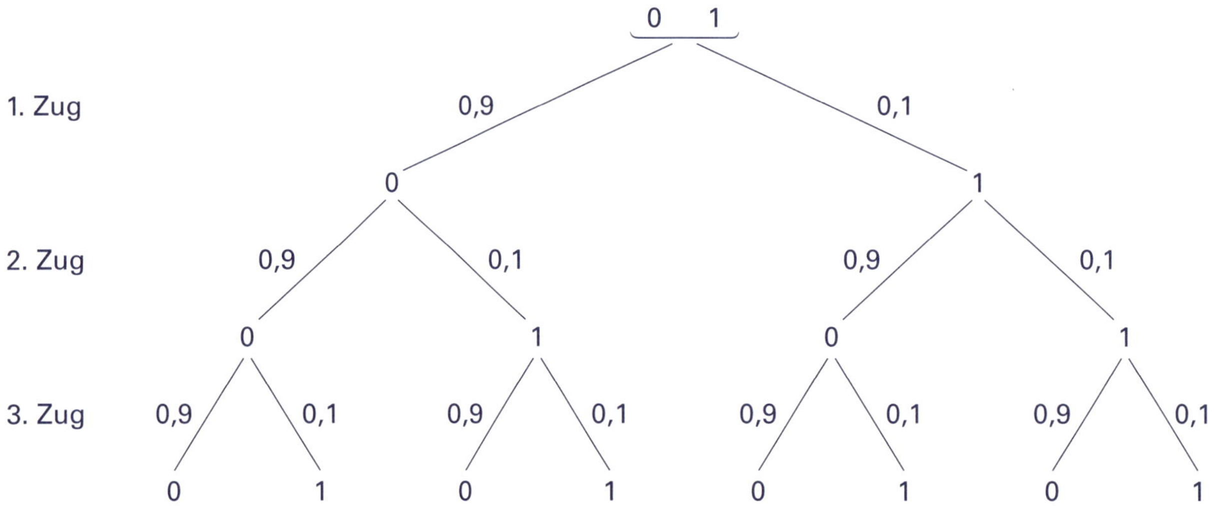

Beachte für die Berechnung der Wahrscheinlichkeiten die 1. und 2. Pfadregel (siehe Aufsteigen in Mathematik, 6. Klasse, Kapitel Wahrscheinlichkeitsrechnung)

1. Pfadregel:
Die Wahrscheinlichkeit einer geordneten Zufallsfolge (Stichprobe) erhält man, indem man die Wahrscheinlichkeiten längs des zugehörigen Pfades multipliziert.

2. Pfadregel:
Die Wahrscheinlichkeit einer ungeordneten Zufallsfolge (Stichprobe) erhält man, indem man die Wahrscheinlichkeiten der günstigen Pfade addiert.

Zufallsvariable X ... Anzahl der defekten CDs

a) $P(X = 0) = P(000) =$ genau ein Weg
$= 0{,}9 \cdot 0{,}9 \cdot 0{,}9 = 0{,}9^3 = 0{,}729$

b) $P(X = 1) = P(100) + P(010) + P(001) =$ es gibt 3 gleichwahrscheinliche Wege
$= 3 \cdot (0{,}1 \cdot 0{,}9 \cdot 0{,}9) = 3 \cdot 0{,}1 \cdot 0{,}9^2 = 0{,}243$

c) $P(X = 2) = P(110) + P(101) + P(011) =$ es gibt 3 gleichwahrscheinliche Wege
$= 3 \cdot (0{,}1 \cdot 0{,}1 \cdot 0{,}9) = 3 \cdot 0{,}1^2 \cdot 0{,}9 = 0{,}027$

d) $P(X = 3) = P(111) = 0{,}1 \cdot 0{,}1 \cdot 0{,}1 = 0{,}1^3 = 0{,}001$ genau ein Weg

Gib die Verteilung der Zufallsvariablen mittels des Graphen
a) der Wahrscheinlichkeitsfunktion
b) der Verteilungsfunktion an!

Beantworte dann auch mit Hilfe der Graphen: Wie groß ist die Wahrscheinlichkeit, dass X
(1) höchstens 2 bzw.
(2) mindestens 1 ist!

Wahrscheinlichkeitsfunktion

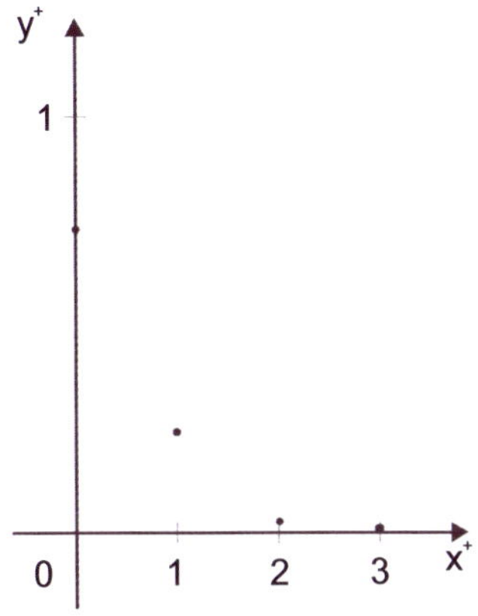

$f(0) = P(X=0) = 0{,}729$
$f(1) = P(X=1) = 0{,}243$
$f(2) = P(X=2) = 0{,}027$
$f(3) = P(X=3) = 0{,}001$

Verteilungsfunktion

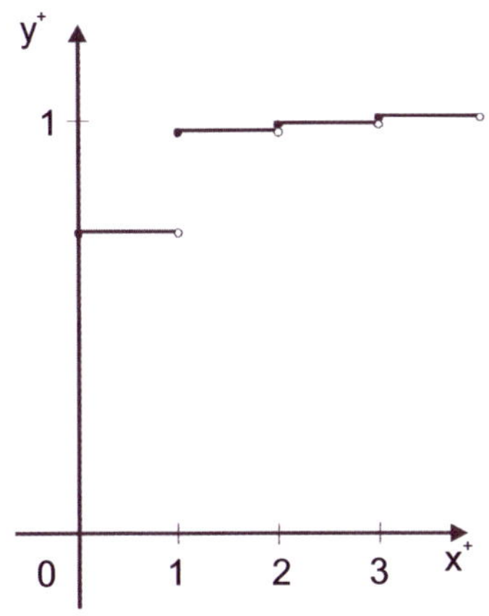

$F(0) = P(X \leq 0) = 0{,}729$
$F(1) = P(X \leq 1) = P(X = 0) + P(X = 1) =$
$= 0{,}729 + 0{,}243 = 0{,}972$
$F(2) = P(X \leq 2) = P(X = 0) + P(X = 1) + P(X = 2) =$
$= 0{,}729 + 0{,}243 + 0{,}027 = 0{,}999$
$F(3) = P(X \leq 3) = P(X = 0) + P(X = 1) + P(X = 2) + P(X = 3) =$
$= 0{,}729 + 0{,}243 + 0{,}027 + 0{,}001 = 1$

(1) $P(X \leq 2) = P(X = 0) + P(X = 1) + P(X = 2) =$
$= 0{,}729 + 0{,}243 + 0{,}027 = 0{,}999$

Die Wahrscheinlichkeit, dass höchstens 2 CDs defekt sind, beträgt 0,999.

(2) $P(X \geq 1) = P(X = 1) + P(X = 2) + P(X = 3) =$
$= 0{,}243 + 0{,}027 + 0{,}001 = 0{,}271$

Die Wahrscheinlichkeit, dass mindestens 1 CD defekt ist, beträgt 0,271.

Erwartungswert und Varianz einer Zufallsvariablen

Wir wissen, dass die Wahrscheinlichkeit, mit einem Würfel die Augenzahl 6 zu würfeln $\frac{1}{6}$ ist.
P(X = Würfeln eines 6ers) = $\frac{1}{6}$ (günstig durch möglich)

Wenn man sich die Frage stellt, wie viele 6er man bei 100, 1000, etc. Würfen erhält, so wird man einen Schätzwert für den Mittelwert angeben. So wie sich die relative Häufigkeiten r_i durch die Wahrscheinlichkeit approximieren (schätzen) lassen $[r_i \approx P(X = x_i)]$, so lässt sich auch der Mittelwert (arithmetisches Mittel) $\bar{x} = \sum_{i=1}^{n} x_i \cdot r_i$ durch einen Wert approximieren, den man als Erwartungswert E(X) der Zufallsvariablen X bezeichnet.

> Die Zahl $E(X) = \mu = \sum_{i=1}^{n} x_i \cdot P(X = x_i)$ heißt Erwartungswert der Zufallsvariablen X.
>
> E(X) ist eine reelle Zahl.

Welche Augenzahl ist beim Würfeln im Mittel zu erwarten?

Zufallsvariable X ... Augenzahl, x_i = Werte, die X annimmt

$P(X = 1) = \frac{1}{6}$, $P(X = 2) = \frac{1}{6}$, $P(X = 3) = \frac{1}{6}$, $P(X = 4) = \frac{1}{6}$, $P(X = 5) = \frac{1}{6}$, $P(X = 6) = \frac{1}{6}$

$\mu = E(X) = 1 \cdot \frac{1}{6} + 2 \cdot \frac{1}{6} + 3 \cdot \frac{1}{6} + 4 \cdot \frac{1}{6} + 5 \cdot \frac{1}{6} + 6 \cdot \frac{1}{6} = 21 \cdot \frac{1}{6} = 3{,}5$

Das Ergebnis besagt:

Im Mittel wird man eine Augenzahl von 3,5 erhalten. Natürlich gibt 3,5 als Augenzahl nicht, doch wird man z. B. bei 100 Würfen als Summe $100 \cdot 3{,}5 = 350$ als Augenzahl erwarten dürfen.

Gewinnerwartung

Ersetzt man die Zufallsvariable X durch die Gewinnfunktion g(X), so erhält man die Gewinnerwartung. $E(g(X)) = \sum_{i=1}^{n} g(x_i) \cdot P(X = x_i)$

Bei einem Gewinnspiel mit einem Würfel gelten folgende Spielregeln: Pro Wurf muss man 0,10 € als Einsatz bezahlen. Würfelt man die Augenzahl 1 oder 2, so hat man verloren. Würfelt man die Augenzahl 3, so erhält man seinen Einsatz zurück. Würfelt man die Augenzahl 4 oder 5, so erhält man 0,50 €, bei Wurf der Augenzahl 6 erhält man 1 € ausbezahlt. Welcher Gewinn ist im Mittel zu erwarten?

$P(X = 1) = \frac{1}{6}$	Verlust (negativer Gewinn) = –0,10	$-0{,}10 \cdot \frac{1}{6} = -0{,}01\dot{6}$
$P(X = 2) = \frac{1}{6}$	Verlust (negativer Gewinn) = –0,10	$-0{,}10 \cdot \frac{1}{6} = -0{,}01\dot{6}$
$P(X = 3) = \frac{1}{6}$	kein Gewinn (= 0)	$0 \cdot \frac{1}{6} = 0$
$P(X = 4) = \frac{1}{6}$	Gewinn = (0,50 – 0,10 Einsatz) = 0,40	$0{,}40 \cdot \frac{1}{6} = 0{,}0\dot{6}$
$P(X = 5) = \frac{1}{6}$	Gewinn = (0,50 – 0,10 Einsatz) = 0,40	$0{,}40 \cdot \frac{1}{6} = 0{,}0\dot{6}$
$P(X = 6) = \frac{1}{6}$	Gewinn = (1 – 0,10 Einsatz) = 0,90	$0{,}90 \cdot \frac{1}{6} = 0{,}15$

Summe (erwarteter Gewinn) $= -0{,}01\dot{6} + (-0{,}01\dot{6}) + 0 + 0{,}0\dot{6} + 0{,}0\dot{6} + 0{,}15 = 0{,}24\dot{9} \approx 0{,}25$

Pro Wurf darf ein Spieler einen Gewinn von 0,25 € erwarten.

Varianz und Standardabweichung einer Zufallsvariablen

In der Statistik wurde die Standardabweichung (Streuung) um den Mittelwert mit der Formel

$s = \sqrt{\frac{(x_1 - \bar{x})^2 \cdot h_1 + (x_2 - \bar{x})^2 \cdot h_2 + ... + (x_n - \bar{x})^2 \cdot h_n}{n}}$ berechnet.

(siehe Aufsteigen in Mathematik, 6. Klasse, Kapitel Statistik)

Man kann die Formel auch umformen, da $r_i = \frac{h_i}{n}$ gilt.

$$s = \sqrt{(x_1 - \bar{x})^2 \cdot \frac{h_1}{n} + (x_2 - \bar{x})^2 \cdot \frac{h_2}{n} + ... + (x_n - \bar{x})^2 \cdot \frac{h_n}{n}}$$

$$s = \sqrt{(x_1 - \bar{x})^2 \cdot r_1 + (x_2 - \bar{x})^2 \cdot r_2 + ... + (x_n - \bar{x})^2 \cdot r_n}$$

bzw. $s = \sqrt{\sum_{i=1}^{n} (x_i - \bar{x})^2 \cdot r_i}$

Beachte: Die Varianz ist das Quadrat der Standardabweichung.

Wird die relative Häufigkeit durch die Wahrscheinlichkeit $P(X = x_i)$ approximiert, so erhält man die Varianz einer Zufallsvariablen X.
Beachte dabei, dass der Mittelwert dem Erwartungswert der Zufallsvariablen entspricht.

Varianz der Zufallsvariablen X

$$V(X) = \sum_{i=1}^{n} [x_i - E(X)]^2 \cdot P(X = x_i) \text{ oder}$$

$$V(X) = \sum_{i=1}^{n} (x_i - \mu)^2 \cdot P(X = x_i)$$

Häufig wird V(X) mit σ^2 bezeichnet, wobei σ die Standardabweichung (Streuung) der Zufallsvariablen X ist.

Bei einem großen Gewinnspiel werden 1000 Lose zu einem Preis von 1 € verkauft.
Es gibt Sachpreise mit verschiedenen Werten zu gewinnen.
1. Preis Sachpreis im Wert von 500 €
2. Preis Sachpreis im Wert von 300 €
3. Preis Sachpreis im Wert von 100 €
7 weitere Preise im Wert von 50 €
10 Preise im Wert von 25 €
Jemand kauft 5 Lose. Welchen Gewinn darf er mit welcher Streuung erwarten?

$P(X = 500\text{ €}) = \frac{1}{1000}$

$P(X = 300\text{ €}) = \frac{1}{1000}$

$P(X = 100\text{ €}) = \frac{1}{1000}$

$P(X = 50\text{ €}) = \frac{7}{1000}$

$P(X = 25\text{ €}) = \frac{10}{1000}$

Beim Kauf von einem Los:

$$E(X) = 500 \cdot \frac{1}{1000} + 300 \cdot \frac{1}{1000} + 100 \cdot \frac{1}{1000} + 50 \cdot \frac{7}{1000} + 25 \cdot \frac{10}{1000} = 1{,}50\text{ €}$$

Beim Kauf von fünf Losen:

$$E(X) = 5 \cdot 1{,}5 = 7{,}50\text{ €}$$

$$\sigma^2 = \sum_{i=1}^{n} (x_i - \mu)^2 \cdot P(X = x_i)$$

$$\sigma^2 = (500 - 7{,}5)^2 \cdot \frac{1}{1000} + (300 - 7{,}5)^2 \cdot \frac{1}{1000} + (100 - 7{,}5)^2 \cdot \frac{1}{1000} + (50 - 7{,}5)^2 \cdot \frac{7}{1000} + (25 - 7{,}5)^2 \cdot \frac{10}{1000} = 352{,}375$$

$$\sigma = 18{,}771 = 18{,}77\text{ €}$$

Beim Kauf von 5 Losen liegt die Gewinnerwartung bei 7,5 €, dabei tritt einer Streuung von ca. 18,77 € auf.

Beachte: Die Streuung ist bei diesem Beispiel hoch, weil der Wert der Sachpreise teilweise sehr groß ist.

Binomialverteilung

Binomialkoeffizienten

In der Mathematik erweist es sich als günstig, für das mit 1 beginnende Produkt aufeinander folgender natürlicher Zahlen ein Symbol einzuführen.

> $n! = 1 \cdot 2 \cdot 3 \cdot \ldots \cdot n - 1 \cdot n$
> sprich: „n Faktorielle" oder „n Fakultät"

Der Ausdruck Faktorielle weist auf das Wort Faktor = Teil eines Produkts hin
Beachte: Für die Berechnung kann man den Taschenrechner verwenden, und zwar mit Hilfe der Taste [n!]. Bei manchen TR ist dieses Symbol als Zweit- oder Dritt-Belegung vorhanden z. B. bei PRB.

Berechne:
a) $3! = 1 \cdot 2 \cdot 3 = 6$ b) $5! = 1 \cdot 2 \cdot 3 \cdot 4 \cdot 5 = 120$ c) $1! = 1$

Beachte: 0! wird mit 1 festgelegt.

> Der Quotient $\frac{n!}{(n-k)! \cdot k!}$ wird mit Hilfe des Symbols $\binom{n}{k}$ ausgedrückt.
> $\binom{n}{k}$ heißt Binomialkoeffizient, sprich „n über k"
> Es gilt $n, k \in \mathbb{N}$ mit $n \geq 1$ und $0 \leq k \leq n$.

Mit Hilfe der Formel $\binom{n}{k} = \frac{n!}{(n-k)! \cdot k!}$ werden die Binomialkoeffizienten berechnet.

Berechne!
a) $\binom{4}{2} = \frac{4!}{(4-2)! \cdot 2!} = \frac{4!}{2! \cdot 2!} = \frac{24}{2 \cdot 2} = 6$
b) $\binom{5}{3} = \frac{5!}{(5-3)!\, 3!} = \frac{5!}{2! \cdot 3!} = \frac{120}{2 \cdot 6} = 10$
c) $\binom{6}{1} = \frac{6!}{5! \cdot 1!} = \frac{6 \cdot 5!}{5! \cdot 1!} = 6$ kürzen durch 5!
d) $\binom{3}{3} = \frac{3!}{0! \cdot 3!} = 1$ kürzen durch 3!

> *Beachte*: $\binom{n}{0} = 1$, $\binom{n}{n} = 1$, $\binom{n}{k} = \binom{n}{n-k}$

Überprüfe die Formeln mit den Beispielen!
a) $\binom{3}{0} = \frac{3!}{3! \cdot 0!} = 1$
b) $\binom{5}{5} = \frac{5}{0! \cdot 5!} = 1$
c) $\binom{5}{3} = \binom{5}{2}$

$\binom{5}{3} = \frac{5!}{(5-3)! \cdot 3!} = \frac{5!}{2! \cdot 3!} = \frac{120}{2 \cdot 6} = 10$

$\binom{5}{2} = \frac{5!}{(5-2)! \cdot 2!} = \frac{5!}{3! \cdot 2!} = \frac{120}{2 \cdot 6} = 10$ w.z.z.w.

Der Ausdruck Binomialkoeffizient für $\binom{n}{k}$ stammt aus dem binomischen Lehrsatz.

Der binomische Lehrsatz

$(a+b)^0$	1
$(a+b)^1$	$1\cdot a + 1\cdot b$
$(a+b)^2$	$1\cdot a^2 + 2ab + b^2$
$(a+b)^3$	$1\cdot a^3 + 3a^2b + 3ab^2 + b^3$
$(a+b)^4$	$1\cdot a^4 + 4a^3b + 6a^2b^2 + 4ab^3 + 1\cdot b^4$
usw.	Die Potenzen von a fallen, die Potenzen von b steigen

auftretende Koeffizienten

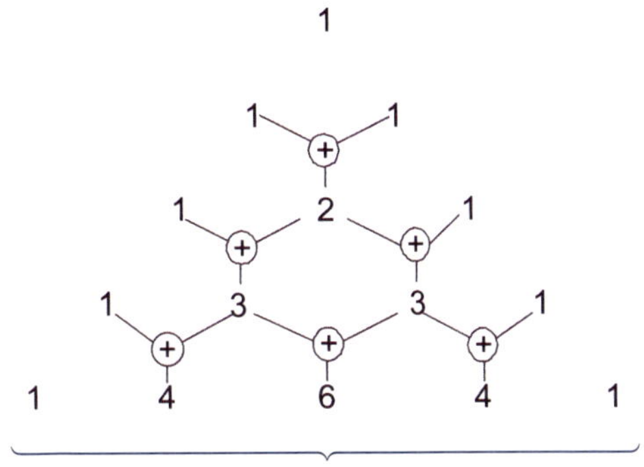

Pascal'sches Dreieck
Die Koeffizienten erhält man durch Addition der darüber stehenden Zahlen.

Um eine Formel für eine beliebige Potenz angeben zu können, verwendet man die Binomialkoeffizienten.

$$\binom{0}{0}$$

$$\binom{1}{0} \quad \binom{1}{1}$$

$$\binom{2}{0} \quad \binom{2}{1} \quad \binom{2}{2}$$

$$\binom{3}{0} \quad \binom{3}{1} \quad \binom{3}{2} \quad \binom{3}{3}$$

$$\binom{4}{0} \quad \binom{4}{1} \quad \binom{4}{2} \quad \binom{4}{3} \quad \binom{4}{4} \quad \text{usw.}$$

Für das Binom n-ten Grades gilt

$$(a+b)^n = \binom{n}{0} a^n + \binom{n}{1} a^{n-1}b + \binom{n}{2} a^{n-2}b^2 + \dots + \binom{n}{n-1} ab^{n-1} + \binom{n}{n} b^n$$

Binomischer Lehrsatz

$$(a+b)^n = \sum_{k=0}^{n} \binom{n}{k} a^{n-k} b^k$$

Berechne $(a+b)^5$!

$$(a+b)^5 = \sum_{k=0}^{5} \binom{5}{k} a^{5-k} b^k$$

$$(a+b)^5 = \binom{5}{0} a^5 + \binom{5}{1} a^4b + \binom{5}{2} a^3b^2 + \binom{5}{3} a^2b^3 + \binom{5}{4} ab^4 + \binom{5}{5} b^5 =$$

$$= a^5 + 5\,a^4b + 5a^3b^2 + 10a^2b^3 + 5ab^4 + b^5$$

Binomialverteilung

Der Binomialverteilung liegt ein Bernoulli-Experiment zu Grunde. Ein solches liegt dann vor, wenn

(1) jeder Versuch genau 2 mögliche Versuchsausgänge hat
(z. B. Treffer oder nicht, brauchbar – nicht brauchbar ...)

(2) jeder Versuch unter genau den gleichen Voraussetzungen abläuft.

In einer Urne befinden sich Kugeln, die mit 0 und 1 beschriftet sind. Die Wahrscheinlichkeit, eine Kugel mit der Beschriftung 0 zu ziehen, ist p, eine Kugel mit der Beschriftung 1 zu ziehen ist $q = 1 - p$ (Gegenwahrscheinlichkeit). Eine Kugel wird gezogen, ihre Nummer notiert und wieder zurückgelegt. Berechne die Wahrscheinlichkeit, dass bei dreimaligen Ziehen eine Kugel mit der Beschriftung 0

a) dreimal,
b) zweimal,
c) einmal,
d) gar nicht vorkommt.

Bei diesem Experiment handelt es sich um ein Bernoulli-Experiment, da nur zwei Ausgänge (0 oder 1) möglich sind.

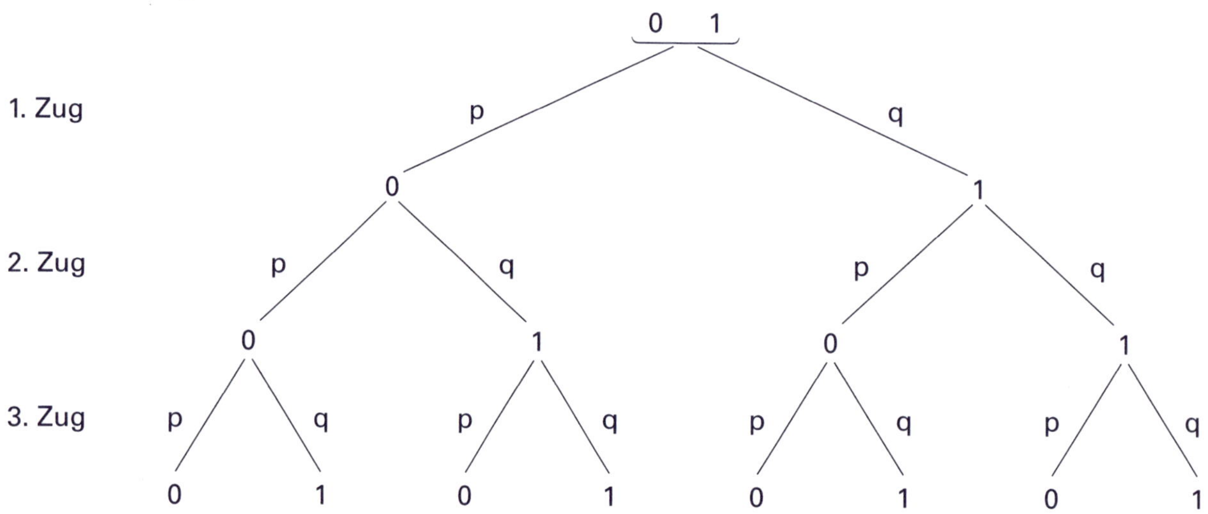

Ergebnis

Ergebnis	0 0 0	0 0 1	0 1 0	0 1 1	1 0 0	1 0 1	1 1 0	1 1 1
P	p^3	p^2q	p^2q	pq^2	p^2q	pq^2	pq^2	q^3

a) $P(000) = p^3$
b) $P(\text{2-mal } 0) = P(001) + P(010) + P(100) = 3p^2q$
c) $P(\text{1-mal } 0) = P(011) + P(101) + P(110) = 3pq^2$
d) $P(\text{gar nicht } 0) = P(111) = q^3$

Diese Wahrscheinlichkeiten haben dieselben Binomialkoeffizienten $\binom{n}{k}$ wie das Binom $(a + b)^3$, wobei $n = 3$ die Anzahl der Züge bedeutet und $0 \leq k \leq n$ gilt.
Z. B. bedeutet $k = 2$, dass von $n = 3$ Kugeln 2 Kugeln mit 0 auftreten.

Dafür gibt es $\binom{3}{2} = 3$ Möglichkeiten.

$p^3 + 3p^2q + 3pq^2 + q^3 = \binom{3}{0} p^3 + \binom{3}{1} p^2q + \binom{3}{2} pq^2 + \binom{3}{3} q^3 = \sum_{k=1}^{3} \binom{3}{k} p^3q^{3-k}$

Man bezeichnet daher eine solche Verteilung der Wahrscheinlichkeiten als Binomialverteilung.

Binomialverteilung

Ist die Wahrscheinlichkeitsverteilung einer Zufallsvariablen X, die die Werte 1, 2, 3 ... n annehmen kann, von der Form

$P(X = k) = \binom{n}{k} \cdot p^k \cdot q^{n-k}$ bzw. $P(X = k) = \binom{n}{k} \cdot p^k \cdot (1 - p)^{n-k}$ mit $0 \leq k \leq n$,

so nennt man sie Binomialverteilung mit den Parametern n und p.

In einer Großstadt sind erfahrungsgemäß 6% der Straßenbahnfahrgäste Schwarzfahrer.
Wie groß ist die Wahrscheinlichkeit, dass sich in einem Triebwagen mit 50 Fahrgästen
- genau zwei Schwarzfahrer
- mindestens drei Schwarzfahrer befinden?

Die Zufallsvariable X gibt die Anzahl der Schwarzfahrer unter 50 Fahrgästen an. X ist binomialverteilt, da es nur zwei Möglichkeiten (Fahrgast hat bezahlt oder nicht) gibt.
Für die Formel $P(X = k) = \binom{n}{k} \cdot p^k \cdot q^{n-k}$ benötigt man
n = 50 (Fahrgäste)
k = 2 (Anzahl der Schwarzfahrer)
p = 0,06 (Wahrscheinlichkeit = 6% = $6 \cdot \frac{1}{100} = 0{,}06$
$P(X = 2) = \binom{50}{2} \cdot 0{,}06^2 \cdot 0{,}94^{48} = 0{,}2262..$ einsetzen
Die Wahrscheinlichkeit, genau zwei Schwarzfahrer unter 50 Fahrgästen zu finden, beträgt rund 0,2262 oder 22,62%.

Mindestens 3 Schwarzfahrer bedeutet, dass die Anzahl ≥ 3 ist.
$P(X \geq 3) = P(X = 3) + P(X = 4) + ... + P(X = 50)$
Diese Rechnung wäre äußerst kompliziert. Es ist besser, mit der Gegenwahrscheinlichkeit zu rechnen.
Mindestens 3 Schwarzfahrer bedeutet das Gegenteil von 0 plus 1 plus 2 Schwarzfahrern.

$P(X \geq 3) = 1 - [P(X = 0) + P(X = 1) + P(X = 2)]$

$P(X = 0) = \binom{50}{0} \cdot 0{,}06^0 \cdot 0{,}94^{50} = 0{,}0453..$

$P(X = 1) = \binom{50}{1} \cdot 0{,}06^1 \cdot 0{,}94^{49} = 0{,}1446..$

$P(X = 2) = \binom{50}{2} \cdot 0{,}06^2 \cdot 0{,}94^{48} = 0{,}2262..$

$P(X \geq 3) = 1 - (0{,}0453.. + 0{,}1446.. + 0{,}2262..) = 0{,}5838..$

Die Wahrscheinlichkeit, mindestens 3 Schwarzfahrer zu finden, beträgt rund 0,5838 oder 58,38%.

Erwartungswert und Varianz einer binomialverteilten Zufallsvariable

$E(X) = \mu = n \cdot p$ $\qquad V(X) = \sigma^2 = n \cdot p \cdot (1 - p) = n \cdot p \cdot q$

Diese Formeln lassen sich beweisen, indem man in die Formeln für den Erwartungswert bzw. für die Varianz die entsprechende Binomialverteilung einsetzt.
z. B. für n = 2, k nimmt dann die Werte 0, 1, 2 an. $E(X) = 2 \cdot p$

$$P(X = 0) = \binom{2}{0} \cdot p^0 \cdot (1 - p)^2$$
$$P(X = 1) = \binom{2}{1} \cdot p^1 \cdot (1 - p)^1$$
$$P(X = 2) = \binom{2}{2} \cdot p^2 \cdot (1 - p)^0$$

$$\mu = E(X) = \sum_{i=1}^{n} x_i \cdot P\,(X = x_i)$$
$$\mu = E(X) = x_1 \cdot P(X = x_1) + x_2 \cdot P(X = x_2) + x_3 \cdot P(X = x_3)$$
$$\mu = E(X) = 0 \cdot P(X = 0) + 1 \cdot P(X = 1) + 2 \cdot P(X = 2)$$
$$\mu = E(X) = 0 \cdot \binom{2}{0} \cdot p^0 \cdot (1 - p)^2 + 1 \cdot \binom{2}{1} \cdot p^1 \cdot (1 - p)^1 + 2 \cdot \binom{2}{2} \cdot p^2 \cdot (1 - p)^0 =$$
$$= \quad 0 \quad + \quad 1 \cdot 2 \cdot (1 - p) \quad + \quad 2 \cdot 1 \cdot p^2 \cdot 1 =$$
$$= 2 \cdot p - 2p^2 + 2p^2 = 2 \cdot p \qquad \text{w. z. z. w.}$$

Ein Großhändler liefert Blumen aus. Erfahrungsgemäß sind bei der Anlieferung 5% der Rosen bereits kaputt. Wie viele kaputte Rosen sind bei der Lieferung von 1000 Stück zu erwarten? Berechne auch die Standardabweichung!

$\mu = E(X) = n \cdot p$ $\qquad$ mit $n = 1000$
$\qquad p = 5\% = 5 \cdot \frac{1}{100} = 0{,}05$
$\mu = 1000 \cdot 0{,}05 = 50$
Bei der Lieferung sind 50 von 1000 Rosen bereits kaputt.

$\sigma^2 = V(X) = n \cdot p \cdot (1 - p)$ $\qquad 1 - p = 1 - 0{,}05 = 0{,}95$
$\sigma^2 = 1000 \cdot 0{,}05 \cdot 0{,}95$
$\sigma^2 = 47{,}5$
$\sigma = 6{,}892.. = 6{,}89$

Der Wert gibt an, wie stark die Zufallsvariable um den Erwartungswert streut, d. h. von ihm abweicht. Daraus ergibt sich ein Intervall von 50 ± 6,89 Rosen.

Wahrscheinlichkeitsrechnung

1 Bei einer Qualitätskontrolle werden Glühlampen überprüft. In einem Karton befinden sich 36 Glühlampen. Wie groß ist bei zufälliger Auswahl von 3 Glühlampen die Wahrscheinlichkeit (a) keine (b) genau eine (c) genau 2 (d) genau 3 defekte Glühlampen zu erhalten, wenn die Erzeugerfirma angibt, dass durchschnittlich 2% aller Glühlampen fehlerhaft sind?

---

2 Grafikkarten für Computer werden nach der Herstellung aus Kostengründen im Allgemeinen nicht mehr auf ihre Funktionstüchtigkeit überprüft. Die Herstellerfirma weiß aus Erfahrung, dass lediglich 1,5% der Graphikkarten wegen Fehlfunktion umgetauscht werden müssen. Ein Großhändler bestellt 2000 Grafikkarten. Wie groß ist bei zufälliger Auswahl von 3 Grafikkarten die Wahrscheinlichkeit (a) keine (b) genau eine (c) genau 2 (d) genau 3 nicht einwandfrei funktionierende Grafikkarten zu erhalten?

---

3 Berechne!

a) $\binom{7}{3}$ **b)** $\binom{10}{5}$ **c)** $\binom{4}{0}$ **d)** $\binom{6}{6}$

---

4 Berechne $(a + b)^4$!
Verwende dazu den Binomischen Lehrsatz!

---

5 Berechne $(a - b)^5$!
Verwende dazu den Binomischen Lehrsatz!
Beachte: Wird eine Differenz potenziert, so muss bei allen ungeraden Vielfachen von b ein negatives Vorzeichen auftreten. Vergleiche die bekannten Formeln für $(a - b)^2$ bzw. $(a - b)^3$.

---

6 In einer Urne befinden sich rote und schwarze Kugeln. Die Wahrscheinlichkeit eine rote Kugel zu ziehen ist p, die Wahrscheinlichkeit eine schwarze Kugel zu ziehen ist $q = 1 - p$.
Wie groß ist die Wahrscheinlichkeit, dass bei viermaligem Ziehen eine rote Kugel
a) viermal b) dreimal, c) zweimal d) einmal e) gar nicht vorkommt, wenn jedes Mal die Kugel wieder in die Urne zurückgelegt wird?
Vergleiche mit dem Binomischen Lehrsatz!

---

7 Bei einer Polizeikontrolle werden die Verbandskästen der Autofahrer kontrolliert.
Aus Erfahrung weiß man, dass 12% der Autolenker ein Verbandszeug mit sich führen, dessen Ablaufdatum überschritten ist.
Wie groß ist die Wahrscheinlichkeit, dass sich bei 40 Fahrzeugen
- genau drei
- mindestens vier Beanstandungen ergeben?

8 Die Inhaber einer Billigfluglinie wissen, dass erfahrungsgemäß 3% der Fluggäste ihre Reise nicht antreten. Wie groß ist die Wahrscheinlichkeit, dass bei einer Vollbelegung von 180 Passagieren
- genau einer
- genau vier
- mehr als fünf Passagiere die Reise nicht antreten?

9 Eine Sportfirma erzeugt Tennisbälle. Erfahrungsgemäß sind 1,5% der Bälle fehlerhaft. Wie groß ist die Wahrscheinlichkeit, dass bei einer Lieferung von 240 Bällen der Trainer auf
- genau einen
- genau fünf
- mehr als sechs defekte Bälle stößt?

10 Zu Winterbeginn haben durchschnittlich 15% der Autofahrer noch keine Winterreifen montiert. Wie groß ist die Wahrscheinlichkeit, dass bei der Kontrolle von 50 Autofahrern
- genau einer
- genau vier
- mehr als sechs Autofahrer noch nicht die entsprechenden Reifen montiert haben?

11 Bei einer Qualitätskontrolle werden Glühlampen überprüft. In einem Karton befinden sich 36 Glühlampen. Die Erzeugerfirma gibt an, dass durchschnittlich 2% aller Glühlampen fehlerhaft sind. Wie groß ist die Wahrscheinlichkeit in der Verpackung
- keine
- genau eine
- mehr als zwei

defekte Glühlampen vorzufinden?

12 Ein Bauer liefert Eier aus. Erfahrungsgemäß sind bei der Anlieferung 4% der Eier bereits kaputt. Wie viele kaputte Eier sind bei der Lieferung von 500 Stück zu erwarten? Berechne auch die Standardabweichung!

13 In einer Glasfabrik werden Weingläser erzeugt. Bei der Auslieferung gehen erfahrungsgemäß 3% kaputt. Wie viele kaputte Gläser sind bei der Lieferung von 150 Stück zu erwarten? Berechne auch die Standardabweichung!

14 Ein Großhändler bezieht Batterien einer bestimmten Erzeugerfirma. Er weiß, dass durchschnittlich 0,5% der Batterien ausrinnen und damit kaputt sind. Wie viele kaputte Batterien sind bei einer Lieferung von 5000 Stück zu erwarten? Berechne auch die Standardabweichung!